# MÉMOIRE

## COURONNÉ,

### EN RÉPONSE A LA QUESTION

PROPOSÉE PAR L'ACADÉMIE ROYALE DES SCIENCES ET
BELLES-LETTRES DE BRUXELLES:

« *Décrire la constitution géologique de la province de Namur, les
espèces minérales et les fossiles accidentels que les divers terrains renferment, avec l'indication des localités et la synonymie
des auteurs qui en ont déjà traité.* »

## Par P. F. CAUCHY,

Ancien élève de l'école polytechnique, ingénieur des mines et professeur de
minéralogie et de métallurgie a l'athénée royal de Namur.

> Qui pourrait, du moins, par des conjectures proba-
> bles, pénétrer dans cette nuit des temps? Placés
> sur cette planète, depuis hier, et seulement pour
> un jour, nous ne pouvons que désirer des con-
> naissances que vraisemblablement nous n'attein-
> drons jamais.          ( SAUSSURE. )

## BRUXELLES,

P. J. DE MAT, IMPRIMEUR DE L'ACADÉMIE ROYALE DE BRUXELLES.

1825.

# MÉMOIRE

SUR

## LA CONSTITUTION GÉOLOGIQUE

### DE LA PROVINCE DE NAMUR.

§ 1. Monsieur d'Omalius, après avoir décrit (Journal des Mines, tom. 21, pag. 480, et tom. 23, pag. 401), les caractè-res et le gisement de plusieurs substances minérales des pro-vinces méridionales du royaume des Pays-Bas, en a esquissé, à grands traits, le tableau géologique, dans le Mémoire qui a été partagé entre les divers numéros formant le tome 24 du même ouvrage périodique. Depuis, M. Bouesnel, dans divers mémoires publiés successivement (J. des M., tom. 26, p. . . ; tom. 29, p. 207; tom. 30, p. 57; tom. 31, p. 389; tom. 33, p. 402; tom. 35, p. 561), a fait connaître d'une manière plus détaillée, le gisement des substances minérales de la province de Namur.

Il ne me reste donc plus, pour répondre à l'appel fait par l'Académie, qu'à réunir, dans un seul cadre, les descriptions fournies par ces deux savans, à y ajouter les détails qu'ils ont omis ou qu'ils n'ont pu connaître, et pour ainsi dire, à om-brer le dessein qu'ils ont tracé. S'il m'arrive d'en retoucher quel-ques traits, ce ne sera qu'avec une extrême méfiance, et plutôt pour provoquer de nouvelles observations que pour établir définitivement celles que je pourrai présenter..

Je suivrai, pour désigner les espèces minérales, la nomenclature que M. Haüy a établie, dans la nouvelle édition de son Traité de minéralogie, et, pour les roches simples et composées, je me servirai indistinctement de celle qu'a adoptée M. d'Aubuisson de Voisins, dans son Traité de géognosie, et de celles qu'ont proposées M. Brongniart, dans son article *roches* du nouveau Dictionnaire d'histoire naturelle, et M. Haüy, dans son Traité prérappelé. Je désignerai, d'après ces géognostes, par le mot *formation,* tout système de roches que l'on regarde comme ayant été produites, sans interruption notable, par les mêmes causes, et par celui de *terrain,* toutes les formations d'une même roche. Pour ce qui est relatif aux fossiles accidentels, débris de corps organisés, disséminés dans les terrains que j'aurai à signaler, je crois devoir, dès à présent, prévenir que, n'ayant pas fait jusqu'ici, une étude particulière de la science naissante à laquelle ils ont donné lieu, je ne ferai connaître que les mieux déterminés et les plus connus de ceux de la province, sous les noms les plus en usage parmi les savans qui se sont occupés de cette branche nouvelle de la géologie.

2. Malgré les divers changemens de limites que la province de Namur a éprouvés depuis 1814, sa forme actuelle est encore trop irrégulière pour qu'on puisse la rapporter à celle de quelque figure plane de la géométrie; mais, si l'on décrit, en prenant la ville de Dinant pour centre, une circonférence de cercle de 6 $\frac{1}{2}$ lieues, (de 5000 aunes) environ de rayon, les parties des provinces de Hainaut et de Liége, du grand duché

de Luxembourg, et du royaume de France que ce cercle embrasse compensent, à peu près en étendue, celles que la province de Namur laisse en dehors, de sorte que celle-ci aurait à peu près 133 lieues carrées de surface.

3. Une grande rivière, la Meuse, après avoir parcouru la plus grande partie du diamètre sud-nord de ce cercle, depuis son entrée dans la province jusqu'à Namur, change, en ce point, de direction, et en prend une autre vers l'est qui fait, avec un parallèle à l'équateur, un angle de 20 degrés environ. Une autre rivière plus petite, la Sambre, qui vient se jeter dans la première à Namur, a, depuis son entrée dans la province, au village de Moignelée, un cours beaucoup plus sinueux, mais dont la direction générale est à peu près la même que celle de la Meuse, depuis Namur jusqu'à Huy. La Lesse et plusieurs autres petites rivières et gros ruisseaux serpentent dans des directions très-variées.

4. Le sol de cette province est généralement montueux; mais si l'on jette les yeux sur une carte qui figure approximativement ses sinuosités principales, on remarque de suite la différence frappante déjà signalée par M. d'Omalius que présentent, sous ce rapport, les deux parties situées à l'est et à l'ouest de la ligne N. S. passant par le centre de la province. A l'est et surtout dans toute la partie comprise entre la Lesse et la Meuse, des vallées longues, larges et peu profondes courent du S. O. au N. E., en faisant, avec les parallèles, des angles de 30° — 40°, mais sont coupées par un grand nombre d'autres plus petites, plus étroites, plus profondes, très-tortueuses, et dirigées dans toutes sortes de sens. Dans l'Entre-Sambre et Meuse, et au midi de la Lesse, on ne remarque plus le même

parallélisme entre les vallées principales auxquelles en abou-
tissent toujours plusieurs autres petites.

Abstraction faite de toutes ces sinuosités, le sol de la pro·
vince a une inclinaison générale vers l'O. N. O., les plateaux
les plus élevés le sont, suivant M. d'Omalius, de 350ª au dessus du niveau de la mer.

5. Ces notions préliminaires sur la circonscription et la constitution physique de la province de Namur étant les seules
qui soient nécessaires à l'intelligence de ce qui suit, je vais es-
sayer de décrire sa constitution géologique. Je diviserai mon
travail en trois parties.

Dans la première, je traiterai de la composition chimique .
des caractères extérieurs et du gisement général de toutes les
substances minérales que des arrachemens naturels ou les travaux des hommes y ont mises à découvert.

Dans la seconde, je ferai connaître les gisemens particuliers
de toutes ces substances minérales. J'entrerai, à ce sujet, dans
des détails plus étendus que ceux qu'on donne ordinairement
dans les mémoires de géologie, et je ne craindrai même pas d'en
présenter qui pourront paraître minutieux, ou même, peut-
être, étrangers à cette science. Si j'ai besoin d'excuses, je les
trouverai dans les considérations suivantes.

Les substances. minérales que recouvre le sol de la province
de Namur sont bien moins remarquables par leur variété que
par la profusion avec laquelle y sont répandues celles qui,
étant pour nous des objets de première nécessité, après avoir·
exercé l'industrie qui préside à l'exploitation des mines, en ali
mentent plusieurs autres branches non moins importantes. Oı

on voit, par la rédaction même de la question, que l'Académie
a eu en vue les avantages que l'industrie peut retirer des descriptions géologiques, autant que les intérêts de la science elle-
même. Cependant, et toujours pour me conformer aux inten-
tions qu'elle me paraît avoir manifestées, dans l'énoncé du
problème, je n'indiquerai que d'une manière très-superficielle
le mode d'exploitation et les usages des minéraux utiles, et
seulement lorsque ces notions pourront servir à constater,
d'une manière plus précise, leur gisement et leurs qualités.

Le temps m'ayant manqué pour dresser, comme je me le
proposais, une carte géologique que j'aurais jointe à ce Mémoire
et qui eût abrégé beaucoup les descriptions locales, j'indiquerai comme devant aider à les suivre, la carte de Capitaine sur
laquelle j'ai rédigé cette seconde partie de mon travail.

Je terminerai par des considérations générales sur l'âge relatif de quelques-unes des substances minérales décrites dans
les deux premières parties.

# PREMIÈRE PARTIE.

---

## GÉNÉRALITÉS.

6. Trois sortes de terrains qui en renferment eux-mêmes quelques autres beaucoup plus circonscrits dans leur étendue, se partagent la province de Namur. On peut les caractériser par l'indication des espèces minérales qui y dominent et qui sont ; la chaux carbonatée, la silice et le carbone à l'état de houille.

7. Les roches calcaires ne présentent pas ce minéral dans un parfait état de pureté, mais contenant toujours accidentellement plusieurs matières étrangères dont l'une qui est évidemment de nature charbonneuse, puisque l'action du feu suffit pour la détruire, colore ces roches en gris plus ou moins foncé et quelquefois même en noir intense, selon qu'elle y est plus ou moins abondante ; mais il est digne de remarque qu'elle n'est pas uniformément répandue dans toutes les parties de la même roche. M. Bouesnel a reconnu, J. des M., t. 29, p. 209, que cette substance n'est pas un bitume, comme l'indiquaient les auteurs des ouvrages élémentaires écrits avant la publication de son Mémoire ; cependant M. Haüy ayant encore répété, dans la seconde édition de son Traité de minéralogie ( 1822, t. 1, p. 432) que les marbres noirs de Dinant, de Namur, etc., appartiennent à la sous-espèce de chaux carbonatée bituminifère, j'ai cru devoir chercher à recueillir les produits de la distilla-

tion de quelques-uns de nos calcaires les plus foncés en couleur, car, d'après les expériences de M. Vauquelin et de M. G.
Knox, décrites dans les Annales de chimie et de physique,
t. 11, p. 317, t. 12, p. 44, et t. 25, p. 178, on obtient, par ce
moyen, de très-petites quantités de bitume qui existe ou peut
se former, pendant la distillation, dans des substances minérales où la force de cohésion agit avec bien plus d'intensité que
dans nos calcaires gris et noirs, et je n'ai pas obtenu la plus
légère trace de matière analogue. J'ai aussi remarqué plusieurs
fois, en dissolvant, dans l'acide nitrique, des calcaires d'un
noir très-prononcé, qu'il ne se formait pas d'autre produit solide, qu'un dépôt d'une matière pulvérulente noire qui blan-
chit instantanément au chalumeau, sans donner aucune odeur
bitumineuse, mais qui ne s'y dissipe jamais complètement et
y fond quelquefois en une scorie verdâtre ou noirâtre. La
liqueur essayée par le prussiate ferrugineux de potasse (hy-
dro ferro-cyanate de potasse) m'a indiqué souvent, mais pas
toujours, la présence du fer, dans les échantillons soumis à
l'expérience.

On peut ici se demander, comme l'a fait M. Vauquelin, à
quel état se trouve le charbon dans les pierres. Quoique ce chi-
miste n'ait pas encore, à ma connaissance, résolu cette question, ainsi qu'il s'y était engagé, je suppose qu'il y est, au
moins pour la plus grande partie, à l'état de mélange. En effet,
le fer est évidemment le seul corps avec lequel on pourrait
raisonnablement le supposer combiné ; or je me suis assuré
plusieurs fois, ainsi que je l'ai dit ci-dessus, que des échantillons de calcaire coloré par le charbon ne présentaient pas de
traces sensibles de ce métal. D'ailleurs M. Karsten a établi,

dans son Mémoire sur la combinaison du fer avec le carbone,
placé à la fin du premier volume de son Manuel de la métallurgie du fer (traduction de M. Culmann, Paris, 1824) que le
carbone libre est le seul corps qui colore le fer à l'état de fonte
grise, tandis que ses combinaisons avec ce métal n'altèrent pas
la couleur de la fonte blanche, de l'acier et du fer doux, et je
ne vois aucune raison pour ne pas assimiler, relativement à
l'objet qui nous occupe, les substances pierreuses dont il s'a-
git ici avec celles qui contiennent le fer, sous les trois états
prérappelés.

8. Le fer, à l'état d'oxide au maximum, devient quelquefois
assez abondant dans nos calcaires pour les colorer en rouge
plus ou moins foncé. Il est tantôt fondu uniformément dans
la pâte et tantôt distribué par veines et par taches dont les
formes et les nuances sont très-variées; j'ai aussi trouvé ce
minérai métallique disséminé, sous forme de grains terreux
arrondis, dans le calcaire de cette formation, mais hors de la
province de Namur.

9. Ces calcaires répandent, en général, une odeur fétide
par le frottement, le chaleur ou l'action des acides. Elle est
trop analogue à celle de l'acide hydro-sulfurique pur ou mélangé, pour qu'on puisse la méconnaître; mais d'où peut pro-
venir ce gaz? Les uns ont pensé qu'il pouvait être attribué à
la présence du fer sulfuré dans ces pierres; mais en supposant
même qu'elles en renferment toutes, on ne conçoit pas encore
comment il pourrait donner naissance à ce gaz, car la percussion ou la chaleur ne dégage de ces pyrites que l'odeur d'acide
sulfureux. Il est donc plus naturel d'admettre, en attendant
mieux, la seconde hypothèse qui a été émise pour expliquer

2.

sa formation, et par laquelle on l'attribue aux êtres organisés,
car on rencontre souvent les coquilles qui les enveloppaient
engagées dans ces roches, et, s'il en est où on ne peut pas les
découvrir, n'est-il pas raisonnable de supposer que des animaux moux, sans coquille, semblables à ceux qui habitaient
celles qu'on retrouve encore, ont été, comme ceux-ci, englobés
dans la précipitation du calcaire et y ont subi une décomposition telle qu'il n'est plus possible d'en reconnaître les traces.
Cette hypothèse paraît acquérir un certain degré de force par
la variété des odeurs que répandent les divers calcaires et qui
est telle que les ouvriers habitués à les travailler peuvent quelquefois reconnaître, à ce seul caractère, les carrières d'où ils
proviennent; or on sait que cette diversité d'odeurs se présente
dans les différentes altérations que peuvent subir les différentes substances animales.

L'odeur du gaz acide hydrosulfurique est quelquefois remplacée, dans les calcaires de cette formation, par celle connue
sous le nom de *pierre à fusil*, et est probablement due alors
à la présence du quarz disséminé en particules assez fines pour
ne pas en modifier l'aspect extérieur.

10. Le calcaire charbonneux, ferrifère et fétide de la province de Namur se présente, le plus souvent en couches, dont
l'épaisseur quelquefois moindre que celle d'une ardoise, s'élève
dans quelques-unes à plusieurs aunes. Mais cette puissance des
couches assez constante dans celles qui sont placées à une certaine profondeur, varie continuellement dans celles qui sont
plus rapprochées de la surface, et il n'est pas rare de voir, dans
une carrière, un gros banc se partager en plusieurs autres petits qui, plus loin, se réunissent de nouveau. Il arrive souvent

aussi que les couches successives qui ont formé le banc deviennent très-faciles à observer, par les teintes diverses qu'elles prennent, après une exposition plus ou moins longue aux influences atmosphériques, et qui partagent alors ce banc dans le sens de son épaisseur, en une multitude de petits rubans d'épaisseurs inégales, mais parfaitement uniformes pour chacun d'eux.

Dans d'autres circonstances, une percussion convenablement ménagée, au lieu de faire éclater ces gros bancs en fragmens à cassure conchoïde, les divise en plaques minces dont l'étendue en surface est quelquefois assez considérable pour qu'on puisse en obtenir plusieurs de ces grands carreaux dont on se sert pour paver les appartemens.

Enfin, lors même que toute marque extérieure de stratification a disparu, et que la roche ne présente plus qu'une énorme *masse*, nom sous lequel la plupart des carriers et plusieurs minéralogistes ont désigné les calcaires exploités dans une série particulière de localités que je ferai connaître plus tard, on remarque encore 1º que ces roches ne se fendent bien, à l'aide d'une rainure taillée autour du bloc et de coins de fer qu'on y chasse, que suivant un certain sens que les ouvriers nomment *passe* ou *veine*, et que, dans tout autre sens, on n'obtient que des masses irrégulières, 2º que les tranches obtenues par le sciage parallèlement à la passe *sont plus solides* que celles obtenues dans un sens perpendiculaire, ou *contre chair*. Ces faits et les expressions mêmes employées par les ouvriers carriers me paraissent établir bien clairement que leurs prétendues masses ne sont que des couches fort épaisses dont la stratification, quoique moins apparente, n'en est pas moins aussi bien établie que celle des systèmes de bancs les plus distincts.

11. Dans quelques localités, les roches calcaires paraissent n'être qu'un assemblage de fragmens arrondis ou anguleux de diverses couleurs, à structure cristalline ou compacte, réunis par un ciment de la même nature, mais quelquefois peu adhérent. Ce sont donc alors de véritables brèches et poudingues semblables à celles que M. Brongniart a rencontrées si abondamment dans la Tarentaise.

12. Il existe aussi, dans la province de Namur, des couches et des masses non stratifiées dans lesquelles la chaux carbonatée a pris, avec une plus grande proportion de silice, à l'état de sable assez grossier, un grain plus gros et plus cristallin, et des degrés de dureté et de cohésion qui varient beaucoup, suivant les localités et la profondeur à laquelle on les exploite. Tantôt leur consistance est telle qu'on a pu en faire des pavés de route qui n'ont pourtant pas aussi bien résisté au frottement que ceux de grés ordinairement affectés à cet usage; tantôt, au contraire, et par suite de la plus grande quantité de sable et d'argile qu'elles renferment, elles sont devenues assez friables pour qu'on puisse les employer comme la Marne, à amender les terres. Ce nom de marne ou *mole* est même celui sous lequel les ouvriers désignent les roches qui offrent cette modification assez remarquable et qu'ils distinguent surtout par la difficulté qu'elles présentent au travail et à la cuisson, lorsqu'on essaie de les convertir en chaux, par les procédés ordinaires. Il en est même qui paraissent assez réfractaires pour qu'on puisse les employer à la construction des foyers. Elles

portent alors, dans le langage vulgaire, le nom de *pierres de feu.*

13. Le calcaire mêlé d'une plus grande quantité de parties siliceuses ou même argileuses et constituant un véritable tuf calcaire se présente également en masses assez volumineuses, en plusieurs points de la province, sur quelques-uns desquels il se forme encore journellement.

14. Lorsqu'on examine, dans les carrières ouvertes, pour leur exploitation, les roches calcaires en couches ou en masses de la province de Namur, on s'aperçoit qu'elles sont traversées par une multitude de fentes, connues des ouvriers, sous le nom de *coupes.* Ces fentes ou coupes dirigées dans divers sens, mais principalement dans celui de l'inclinaison des couches et perpendiculairement à leurs faces, se prolongent aussi, communément, à travers un grand nombre d'entre elles. Telle est celle qui, dans une carrière voisine de Namur, a été fixée pour limite entre deux exploitations souterraines contiguës.

15. Ces fentes ordinairement assez étroites, sont, parfois, entièrement remplies de chaux carbonatée laminaire d'un blanc mat ou légèrement coloré en jaune, tellement adhérente aux salbandes qu'on doit, ce me semble, admettre qu'elle est venue s'y placer avant la dessiccation complète de la masse. D'autres fois, elle ne forme que des croûtes appliquées contre les parois des crevasses et tapissées extérieurement de cristaux dont la forme la plus ordinaire est celle que M. Haüy nomme métastatique, mais parmi lesquels on rencontre aussi les variétés primitive, inverse, équiaxe, dodécaèdre, dodécaèdre raccourcie, etc. Dans ce dernier cas, on ne peut pas toujours la considérer comme contemporaine des roches, puis-

qu'on voit encore journellemeut les eaux qui en sont chargées
la déposer dans ces fentes mises à jour au milieu des carrières
et sur les débris qui en couvrent le sol, sous la forme de stalactites et stalagmites.

16. C'est dans ces filets et croûtes de chaux carbonatée laminaire que l'on rencontre aussi de petites masses clivables de
chaux fluatée d'un violet tantôt très-pâle, tantôt, au contraire,
tellement foncé qu'elle paraît presque noire.

17. Ces fentes acquièrent quelquefois des dimensions plus
considérables, et forment alors de véritables filons dont plusieurs ont été postérieurement remplis par les substances métalliques et autres que nous ferons connaître plus tard. Ils doivent donc avoir été produits, le plus souvent comme les fissures les plus minces, par le retrait que la matière a éprouvé,
en se desséchant et se consolidant; cependant il en est qui paraissent être le résultat du mouvement d'une certaine étendue
de terrain autour d'un point que des indices assez sûrs nous
font encore quelquefois découvrir.

18. De nombreuses géodes et des grottes qui atteignent quelquefois des dimensions considérables, se présentent fréquem-
ment dans nos calcaires. Les premières sont presque toujours
remplies, en tout ou en partie, de chaux carbonatée laminaire dont la surface intérieure est recouverte de cristaux. Les
secondes sont décorées par de belles et grandes stalactites et
stalagmites qui y étalent toutes ces formes dont la description
n'est pas du ressort de la géologie.

19. Les fossiles qui se rencontrent et sont souvent accumu-
lés, en quantité prodigieuse, dans les calcaires compactes et

siliceux de la province de Namur, appartiennent à des espèces assez variées; mais il n'y a qu'un bien petit nombre de celles-ci qui aient été déterminées, jusqu'à ce jour. Les plus répandues et les mieux caractérisées sont les *productus*, les *evomphalus* et autres qui se rapprochent des *orthoceratites* et des *madrépores ;* on y trouve aussi des *entroques* ou fragmens *d'encrinites.*

20. Les calcaires compactes ayant, en général, le grain assez fin, sont susceptibles de recevoir, par le frottement, un certain poli; mais ce poli ne prend un éclat vif que dans ceux qui joignent, à la finesse du grain, un degré convenable de dureté. Ils prennent le nom de *marbres* lorsqu'ils présentent, outre ces premières qualités, ou une belle teinte uniforme, ou un assortiment convenable de couleurs diverses, ou des nuances variées d'une même teinte disposées de manière à former, à leur surface, des dessins agréables à l'œil, tantôt par leur contraste et tantôt par leur moirage naturel. Toutes ces nuances si variées et quelquefois si belles sont encore dûes ou au charbon seul disséminé irrégulièrement dans la pâte, ou à l'oxide rouge de fer, ou à des mélanges, en toutes proportions, de ces deux substances. Des filets blancs et cristallins de chaux carbonatée laminaire ou lamellaire viennent souvent relever la couleur plus sombre du fond, et produisent les effets les plus agréables , lorsqu'ils ne sont pas trop abondans.

Il y a aussi des brèches calcaires qui sont susceptibles de recevoir le poli, et peuvent, alors, fournir des marbres très-distingués par la variété de leurs couleurs.

Une autre variété de marbre, très-répandue dans le commerce, est celle que l'on connaît sous le nom de *granite.* Sa

3

structure en partie lamellaire est due, selon M. Beudant, Traité de minéralogie, p. 41, « à la présence d'une quantité plus ou moins grande de coquilles, de madrépores, d'échinites, etc., dont le test possède cette espèce de structure, soit naturellement, soit par suite d'infiltrations calcaires cristallines. » Mais cette structure graniteuse n'est pas le partage exclusif de quel· ques couches, dans lesquelles elle est le plus prononcée. On la retrouve, avec des caractères moins tranchés, il est vrai, mais souvent encore très-apparens, dans un grand nombre d'autres couches dont j'aurai soin d'indiquer quelques-unes ci-après.

21. Tous nos calcaires compactes partagent, avec quelques autres roches, et notamment avec les marbres calcaires produits par la cristallisation seule, la propriété assez remarquable d'être flexibles et même élastiques, non-seulement lorsqu'ils ont été réduits en lames minces, mais encore en blocs assez épais. J'ai vu un bac de 6 aunes de long et de plus de 0ᵃ,30 de hauteur fléchir de 0ᵃ,03 en son milieu, lorsqu'il n'était soutenu que par ses deux extrémités, et se redresser ensuite en ligne droite, lorsqu'on plaçait des supports dans les points intermédiaires.

22. Pour passer de l'étude du terrain calcaire à celle d'un autre où domine la silice, nous ne pouvons mieux faire que de signaler, en ce moment, l'apparition, dans le premier, d'une substance essentiellement composée de cette seconde espèce minéralogique. Je veux parler du phtanite ou quarz compacte argileux de M. Haüy et de plusieurs autres auteurs, jaspe schisteux de M. Brongniart, lydienne de M. d'Aubuisson, *kieselschiefer* des allemands.

Le plus souvent, le jaspe de nos terrains calcaires est subluisant, d'un noir assez intense, présente une structure schisteuse très-prononcée, lorsqu'il est resté quelque temps exposé à l'air, et dans ses feuillets, une cassure conchoïde un peu vitreuse, ou parfois même un peu écailleuse. Il est souvent traversé par des veinules de quarz hyalin laminaire blanchâtre, formant quelquefois plusieurs rubans concentriques, ce qui donne aux échantillons où se présente cette circonstance l'aspect de certains onyx.

J'ai soumis plusieurs fois, de très-minces éclats de cette substance à l'action du chalumeau, dans l'intention de m'assurer 1° s'ils étaient tous infusibles, comme ceux qu'a essayés M. d'Omalius, 2° s'ils ne perdaient pas, dans cette opération, cette couleur noire que j'étais aussi porté à attribuer à la présence du charbon. Je n'ai jamais pu fondre les bords les plus minces des plus petits fragmens, et lorsqu'ils ont blanchi, ce n'a jamais été que par taches.

Afin de reconnaître la nature de la substance qui apparaissait sous cette couleur, j'ai exposé, pendant deux heures, un assez gros morceau de jaspe schisteux à l'action d'un feu de houille demi-grasse, en ayant soin, pour augmenter l'intensité de la chaleur, de le tenir constamment sous une croûte solide et incandescente de ce combustible. Alors, pour observer si sa division mécanique décélerait cette tendance à la forme rhomboïdale qui a été remarquée dans des échantillons provenant d'autres endroits, je l'ai jeté rouge dans l'eau. Il s'y est divisé en un grand nombre de fragmens irréguliers qui tous étaient couverts de taches formées par une matière pulvérulente que j'ai reconnue être de la chaux. J'ai répété l'expérience dans un

3.

creuset où j'ai stratifié des fragmens de jaspe schisteux avec de l'oxide noir de manganèse, et que j'ai soumis ensuite, pendant deux heures, à un feu de réverbère, et j'ai obtenu le même résultat. Il suit de là :

1°. Que la quantité assez notable de chaux, 11 p. $\frac{°}{°}$, que M. Drapiez a trouvée (Mémoire couronné par l'Académie sur la la constitution géologique de la province de Hainaut), dans un échantillon de jaspe schisteux, n'est probablement pas essentielle à sa composition chimique, mais s'y rencontre accidentellement à l'état de carbonate;

2°. Que les molécules siliceuses qui constituent essentiellement le jaspe schisteux, en se réunissant au milieu du calcaire, ont entraîné avec elles quelques molécules de celui-ci, absolument comme elles le font, dans la craie, pour former les rognons de silex pyromaque;

3°. Que la couleur noire du jaspe schisteux n'est probablement pas dûe, ainsi qu'on le suppose communément, à la présence d'une certaine quantité de matière charbonneuse, comme celle des silex pyromaques que M. de Humboldt attribue (Relat. hist., t. 1, p. 164) à cette cause.

M. d'Omalius a observé et signalé, (J. des M., t. 23, p. 401), dans les rognons de jaspe que l'on rencontre à la carrière de Theux (province de Liége), un caractère particulier : « C'est de passer à des formes régulières composées d'un prisme hexaèdre terminé par une pyramide à 6 faces absolument semblables aux cristaux de quarz hyalin prismé.......... Ces cristaux conservent la couleur noire et l'opacité des rognons qui les avoisinent; leur cassure a seulement un aspect plus brillant et plus vitreux qui les rapproche du quarz hyalin. »

Cette dernière observation jointe à celle que j'ai faite sur la composition de la substance dont il s'agit ici, me paraît prouver suffisamment qu'elle n'est qu'une modification de l'espèce quarz, et il est alors fort inutile de lui assigner des noms géologiques différens de celui que lui ont donné les minéralogistes. C'est celui que j'adopterai dans le cours de cet écrit.

Le jaspe schisteux est répandu abondamment dans les couches calcaires, tantôt en veines de quelques pouces d'épaisseur parallèles à la stratification générale, continues sur d'assez grandes longueurs, et se succédant un grand nombre de fois, à de petites distances les unes des autres, tantôt en petits filets irréguliers courant dans toutes sortes de directions, mais, le plus souvent, en rognons arrondis non turberculeux, d'un volume très-variable, depuis celui d'un gros grain de sable jusqu'à celui de la tête. Il fait souvent le désespoir des tailleurs de pierres et des marbriers qui le connaissent sous le nom de *clous*.

23. Les petites couches, les veines et les rognons de quarz disséminés dans nos roches calcaires ne se présentent pas toujours avec les caractères minéralogiques qui distinguent la modification de cette substance désignée sous le nom de jaspe. Elles prennent, souvent, une pâte plus pure, un grain plus fin, des couleurs moins intenses, une translucidité très-marquée, et passent, ainsi, à l'état de quarz agate calcédoine et pyromaque (suivant les nouvelles dénominations de M. Haüy); mais alors la structure schisteuse a totalement disparu, comme il n'est pas rare de la voir disparaître aussi dans le jaspe lui-même.

24. Le jaspe, l'agate et même le quarz hyalin, soit à l'état granuleux, soit sous celui de grés quarzeux, constituent aussi quelques couches ou plutôt certaines portions de couches; car il est très-rare de les voir se prolonger sur une certaine étendue. Le plus souvent la silice pure qui les compose s'associe des particules argileuses et ferrugineuses qui lui font prendre toutes sortes de couleurs et des lamelles de mica qui, lorsqu'elles sont en quantité suffisante, lui donnent une structure plus feuilletée. Les mélanges en proportions très-variables de ces trois substances constituent les diverses roches composées que je vais faire connaître.

25. Nous placerons, en première ligne, les poudingues et les brèches quarzeuses dans lesquels des fragmens arrondis ou anguleux plus ou moins volumineux de quarz hyalin blanc ou rosâtre, de jaspe brun ou noir, et d'une pâte analogue à celle qui constitue les roches indiquées ci-dessous (26 et 27), sont réunis par un ciment qui, dans quelques parties, est à peine visible, et, dans d'autres, paraît être une argile quelquefois très-ferrugineuse.

26. Les grains quarzeux prenant un volume très-petit et à peu près égal, les poudingues et les brèches deviennent les grauwakes des minéralogistes allemands ou psammites de M. Brongniart, en passant successivement par les trois variétés quarzeuses, micacées et schistoïdes de ce dernier auteur.

27. Les diverses roches siliceuses qui viennent d'être examinées sont réunies, par M. d'Aubuisson, sous le nom de traumates.

Il nomme phyllades intermédiaires les roches éminemment

schisteuses, à grains fins mais peu adhérens, auxquelles plusieurs auteurs, et notamment celui de l'ouvrage le plus récent que je connaisse sur la minéralogie, M. Beudant, conservent leurs anciens noms de schistes argileux intermédiaires ou grauwakes schisteuses.

28. Les phyllades intermédiaires présentent aussi des variétés remarquables dans leur consistance.

Tantôt leur grain est lâche et grossier; ce sont ceux qu'on a désignés dans ces derniers temps, par les noms de schistes argileux, schistes non houillers, qu'ils portent dans les Mémoires de MM. d'Omalius et Bouesnel. Ils ne se divisent qu'en plaques plus ou moins épaisses; encore faut-il souvent, pour cela, qu'ils aient été exposés quelque temps à l'action de l'air. Leur couleur la plus ordinaire est le gris passant quelquefois au noirâtre, lorsque le principe charbonneux s'y accumule en quantité notable; cependant les parties supérieures des couches sont souvent d'un jaune sale, qu'on doit, sans doute, attribuer à l'écartement produit dans les molécules par l'action bien connue de l'influence atmosphérique. Le rouge domine aussi dans certaines couches ou plutôt dans certaines portions de couches; cette couleur est due à l'oxide de fer qui y est souvent assez abondant pour qu'il puisse en être considéré comme la partie principale.

29. Le fer oxidé se présente le plus souvent, dans nos schistes argileux, sous la forme de petits grains arrondis, d'un rouge terne ou subluisant (fer oligiste terreux globuliforme de M. Haüy). On en trouve aussi quelquefois de petites masses compactes dont la couleur brune pourrait faire croire qu'elles appartiennent à l'espèce du fer hydraté, si leur raclure ne pré-

sentait pas ce rouge plus ou moins intense qui caractérise le
fer oxidé. Ce minérai a été long-temps exploité sous le nom
de mine de fer tendre; mais il n'est plus maintenant employé
que dans un très-petit nombre d'usines.

3o. Il y a des schistes qui ont le grain fin et serré, une couleur bleuâtre ou grisâtre passant au rougeâtre et au verdâtre,
se laissent facilement diviser en grands feuillets minces et ne se
délitent que très-difficilement à l'air. Quand ils absorbent l'eau,
ce n'est qu'en très-petite quantité, et encore, à ce qu'il me paraît, seulement par leurs tranches. Cette observation peut servir à expliquer un phénomène déjà signalé par M. d'Omalius,
et qui consiste en ce que la tête seule de ces couches « est devenue blanchâtre, tendre, friable, douce au toucher, d'un aspect stéatiteux, et se réduit en une terre légère, onctueuse,
qui ne fait pas pâte avec l'eau, » tandis que les parties de ces
mêmes couches qui se montrent au jour dans le fond des vallées profondes « ont encore conservé leur couleur bleuâtre et
leur dureté. » Ces schistes sont ceux qui ont été désignés
long-temps, en minéralogie, comme ils le sont encore dans le
langage ordinaire, par le mot *ardoise*.

3i. On trouve, entre certaines couches d'ardoises, des feuillets verdâtres quelquefois assez épais pour qu'on puisse les
employer aux mêmes usages que les autres; des taches de la
même couleur se présentent sur presque toutes les ardoises.
M. d'Omalius pense qu'elle est due à la présence du talc.

32. Le fer sulfuré qui, s'il se présente, comme on peut le présumer, dans les psammites et dans les schistes argileux, y est
au moins tellement rare que je ne me rappelle par l'y avoir

jamais vu, n'est que trop abondant dans les ardoises. On l'y trouve cristallisé en cubes non triglyphes, et quelquefois même en dendrites.

33. Les psammites et surtout les schistes argileux renferment, comme les calcaires, des quantités assez considérables de coquillages des mêmes genres, et principalement des *productus;* j'ai même vu des veines de jaspe qui en étaient aussi criblées que le granite de Ligny, mais on n'en a point encore rencontré, du moins à ma connaissance, dans nos ardoises.

34. Au reste, nous verrons, dans les détails locaux, ces deux variétés de schiste passer quelquefois de l'une à l'autre, comme elles passent à toutes celles de psammites, par une série de nuances et d'alternatives qui sont ordinairement bien difficiles à saisir.

35. Toutes ces couches siliceuses d'aspects si variés, en se réunissant en *systèmes* que j'appellerai aussi *zones* ou *bandes*, constituent le terrain que je crois pouvoir caractériser d'une manière générale, par le mot *siliceux*. Ce terrain alterne constamment avec celui que forment les couches calcaires réunies de la même manière, et de leur ensemble résulte cette grande formation qui occupe presque toute l'étendue de la province de Namur.

Dans toute cette formation, les couches présentent des inclinaisons tant au sud qu'au nord, qui varient souvent dans les différens points d'une même couche; cependant ces pentes sont le plus généralement au midi, mais ont pour mesures tous les angles du quart de cercle, depuis o jusqu'à 9o degrés.

La direction des couches est moins variable que leur incli-

4

naison; elle est généralement celle d'une ligne brisée, tirée à peu près de l'est à l'ouest, dont les angles sont fort obtus et arrondis par de longues courbes.

La largeur des bandes calcaires et siliceuses n'est pas toujours exactement la même, du moins à la surface. On la voit quelquefois augmenter ou diminuer sensiblement, mais toujours dans des points distans de plusieurs lieues.

36. Il est facile de distinguer, même de loin, ces deux sortes de terrains. Les collines où dominent les roches siliceuses sont généralement arrondies; on n'y observe que bien rarement des pointes saillantes, comme dans les montagnes calcaires qui en sont quelquefois hérissées. La présence des genêts sur les premières est aussi un caractère empirique assez sûr pour les reconnaître de loin; et l'on peut souvent discerner celles qui contiennent des quantités notables d'oxide rouge de fer, par la facilité avec laquelle y croissent les bois. Enfin on remarque, en hiver, que la neige reste beaucoup plus long-temps, sans se fondre, sur les terrains schisteux jaunes que sur ceux qui ont une couleur plus foncée ou sur les calcaires : nouvelle preuve de cette propriété physique que présentent les diverses couleurs d'absorber ou de réfléchir les rayons calorifiques.

37. Il est encore à remarquer que les systèmes de couches siliceuses sont ordinairement mieux réglés que ceux des couches calcaires. On n'y voit que bien rarement ces indices de torsion violente et de rejetage si fréquens dans celles-ci; aussi n'y connaît-on aucune grotte, et peut-on à peine y citer quelques filons d'une certaine étendue; encore ne sont-ils, le plus souvent, que la suite ou plutôt la fin de ceux qui traversent,

quelquefois, toute une zone calcaire. Cette observation est donc parfaitement conforme à celle que l'on a faite dans le terrain analogue à celui-ci, qui se rencontre, en Angleterre, principalement dans le Derbyshire et le Northumberland.

38. Mais il arrive très-souvent qu'au passage de l'un de ces terrains à l'autre, les couches calcaires et siliceuses contiguës ne sont pas juxta-posées, du moins sur toute leur étendue, et laissent, entre elles, des vides ou plutôt une suite de vides très-irréguliers ayant des formes arrondies, ovales, lenticulaires, etc., qui ont été postérieurement remplis par diverses substances dont il sera parlé ci-dessous.

39. Nous venons de voir la silice, seule ou associée à l'argile et au mica, constituer des roches contemporaines du calcaire. Des couches analogues par leur composition alternent, dans quelques localités assez étendues, avec des couches de houille, ce qui forme un terrain que l'on considère ordinairement comme différent de celui qui précède.

La silice y forme encore une série de roches assez variées dont les deux points extrêmes sont occupés, l'un par le grés des houillères de la plupart des minéralogistes et de MM. d'Omalius et Bouesnel, psammites micacés de M. Brongniart; et l'autre, par le schiste houiller de la plupart des minéralogistes et de MM. d'Omalius et Bouesnel, phyllade feuilleté de M. Brongniart, argile schisteuse de M. d'Aubuisson.

Je crois inutile de rappeler ici les caractères si souvent décrits de ces diverses roches. J'observerai seulement, relativement aux premières, afin de donner une nouvelle preuve de

4.

leur identité de nature avec les psammites du terrain précédemment étudié, qu'elles se présentent quelquefois, comme ceux-ci, plutôt sous l'aspect d'un quarz hyalin granulaire ou même massif, translucide, rose et gris de M. Haüy, que sous celui d'un véritable grés, et, pour ce qui concerne l'argile schisteuse, qu'elle offre des caractères extérieurs qui la placeraient entre le schiste ardoise et le schiste argileux. Généralement plus tendre que le dernier, elle se divise, comme le premier, en feuillets très-minces, surtout lorsqu'elle a été exposée quelque temps aux injures de l'air, car il est presque toujours impossible de reconnaître sa structure schisteuse, tant qu'elle n'a pas subi l'influence de cet agent. Il suit de là et de la remarque que nous avons faite sur les liens qui unissent aussi les deux points extrêmes dans la série des schistes intermédiaires, qu'il doit être presque toujours très-difficile de distinguer les schistes houillers de ceux qui ne le sont pas. La couleur serait même ici un caractère souvent bien trompeur, parce que, d'une part, il existe des schistes argileux aussi noirs que ceux des terrains houillers, et que, de l'autre, ceux-ci nous présentent quelquefois des argiles schisteuses d'un gris clair, lorsqu'elles sont assez éloignées des veines de houille, et, au contact de celles-ci, des couches mitoyennes entre les grés et les schistes houillers dont la couleur est aussi un blanc sale ou rougeâtre.

40. Il ne resterait donc, pour établir une différence bien tranchée entre les psammites et les schistes intermédiaires et ceux de terrains houillers, que la présence, dans ceux-ci, des empreintes de fougère et de roseaux qui y sont effectivement assez nombreuses; mais on sait aussi que ce n'est guère que

dans le voisinage des couches de houille que ces empreintes
végétales paraissent avec quelqu'abondance.

41. Il faut en dire autant des veinules de houille qui courent souvent, dans les couches pierreuses voisines de celles de
ce combustible et des petits grains irréguliers de la même matière qu'on rencontre, presque toujours, disséminés dans les
grés des houillères et qui ont constamment été, pour moi,
des indices assez sûrs de l'approche des couches charbonneuses.

42. Je n'ai jamais rencontré de débris de coquilles dans les
schistes et grés des houillères.

43. La houille schisteuse pure, mais ne contenant pas assez
de bitume pour s'agglutiner en brûlant, et la houille plus ou
moins mêlée d'argile, dont la proportion ne m'a cependant jamais paru excéder la moitié du poids total du combustible,
sont les seules variétés exploitées dans la province de Namur,
où l'on donne à la seconde le nom de *terre-houille*. Elles se
présentent presque toujours, l'une et l'autre, sous la forme de
couches composées de feuillets minces, parallèles à leurs faces,
mais divisibles dans d'autres sens à peu près perpendiculaires
à ces faces, de sorte qu'ils donnent quelquefois, quand on les
brise, de petits cubes assez réguliers. Il arrive cependant aussi,
surtout lorsque la quantité de schiste augmente, que la structure feuilletée devient de moins en moins sensible et finit
même par disparaître complètement. La matière tombe alors,
lorsqu'on la détache de son gîte, en une poussière fine, terne,
au milieu de laquelle paraissent quelques fragmens cristallins.

44. C'est principalement aussi dans cette dernière circonstance, que le fer sulfuré devient tellement abondant dans les

couches de terre-houille, qu'il est souvent impossible de brû-
ler celle-ci dans les appartemens, et qu'on est obligé de la ré-
server pour la cuisson des briques et de la chaux. Il ne s'y
trouve plus alors, comme dans les houilles massives, sous la
forme d'un enduit très-mince, qui donne quelquefois aux feuillets qu'il recouvre, les couleurs irisées, mais en grains et même
en masses d'un gros volume dont la forme arrondie paraît indiquer qu'elles ont été soumises à l'action d'un dissolvant sans
doute analogue à celui qui agit encore journellement, sous nos
yeux, sur ce minéral, pour le convertir en sulfate de fer. Toutes les eaux de mines en contiennent assez pour frapper de
stérilité les terrains par lesquels elles s'écoulent.

Les couches pierreuses qui interceptent celles de houille
présentent aussi le fer sulfuré sous les diverses formes précitées.

45. On trouve encore, dans les joints parallèles ou perpendiculaires à la stratification des couches de houille, des feuillets quelquefois assez épais de chaux carbonatée laminaire et
d'autres beaucoup plus minces, ou plutôt des taches d'une substance blanche qui n'est ni calcaire ni quarzeuse, mais plutôt
talqueuse ou gypseuse. J'ai reconnu distinctement cette dernière espèce dans des feuilles un peu plus épaisses de la même
couleur, que j'ai trouvées au centre de l'un des bassins houillers qui se prolongent dans la province de Namur.

46. L'exploitation de quelques-unes de nos couches ou portions de couches de houille, a donné lieu au dégagement du
gaz hydrogène carboné des houillères, si connu sous le nom
de *grisou;* mais c'est principalement dans des couches plus
bitumineuses que celles de la province de Namur, que l'on

peut étudier les circonstances et les causes du développement
de ce gaz inflammable.

47. Nos couches de houille alternent généralement avec des
couches de psammites ou de schistes; mais je n'ai jamais aperçu
aucune périodicité dans ces alternatives , aucune constance
dans l'ordre de superposition. J'ai vu des psammites passant
au quarz servir indistinctement de toit et de mur à des couches de houille, et j'en citerai une qui se trouve intercalée entre deux couches de cette nature.

Elles se dirigent suivant de grandes lignes brisées dont les
angles correspondent généralement à quelques grands mouvemens de terrain visibles à la surface, qui en rappellent probablement d'autres bien plus prononcés dans celui sur lequel il
est déposé. Quelquefois cependant , les lignes de direction
sont, pour la même raison sans doute, des courbes fortement
prononcées et qui se succèdent les unes aux autres , dans un
espace de terrain souvent très-limité.

Elles présentent assez communément une régularité remarquable dans leur puissance, mais on y trouve aussi ces renfle-
mens et ces resserremens signalés dans tous les ouvrages qui
ont traité de ce combustible; dans plusieurs d'entre elles, on
a constaté un fait que je dois rappeler ici, parce qu'il est tout-
à-fait en contradiction avec celui que M. Beaunier a observé
dans les houillères du Forez et a fait connaître, *Ann. des M.,*
*t.* 1, *p.* 1. Il consiste en ce que leur puissance, au lieu d'augmenter dans la profondeur, diminue, au contraire, insensiblement, de manière à ne plus laisser qu'un filet très-mince sur
des étendues bien connues de plusieurs centaines d'aunes.

48. La formation houillère ainsi constituée est déposée dans deux vastes bassins dont les bords calcaires, visibles en un grand nombre de points, sont, en plusieurs autres, marqués par des dépôts postérieurs, mais toujours assez limités. Ces deux bassins dont les centres sont placés près des villes de Charleroy et de Liége, sont séparés, dans la province de Namur, par une digue calcaire bien étroite; mais cette séparation n'en est pas moins bien constatée par toutes les observations que je présenterai dans la seconde partie de ce travail. Je me bornerai, pour le moment, à rappeler que les couches de combustible nommées *veines* par les mineurs se présentent souvent, surtout à leur origine, sous la forme d'un bac ou cul de bateau formé par la réunion de deux veines, dont l'une nommée *plateur* est inclinée au midi, et l'autre appelée *dressant* plonge presque toujours au nord, que la ligne de jonction communément désignée sous le nom de *crochon* n'est pas horizontale, mais se relève vers les deux extrémités d'un même bassin, et que les crochons du bassin de Charleroy remontent vers l'est, et ceux de Liége vers l'ouest, dans la province de Namur.

49. Outre les couches pierreuses indiquées jusqu'ici, notre formation houillère en renferme encore quelques autres qui, bien que moins nombreuses, n'en sont pas moins intéressantes pour le géologue.

Les premières dont nous nous occuperons sont celles que forme le fer carbonaté lithoïde de tous les géologues. Cette espèce minérale est quelquefois disséminée en particules invisibles dans l'argile schisteuse, et devient même assez abondante dans quelques-unes pour que celle-ci soit exploitée comme mi-

nérai de fer, dans les contrées où il n'y en a point d'autres;
mais c'est principalement sous la forme de rognons lenticulaires ou ovoïdes aplatis que je l'ai trouvée dans cette province.
Ces masses qui dépassent souvent le volume de la tête ont
toujours une couleur grisâtre, une poussière grise, maigre au
toucher, une cassure terreuse, droite, à grain fin et serré,
dans laquelle on aperçoit, quand elles ont été quelque temps
exposées à l'air, toutes les couches concentriques faciles à sé-
parer dont elles sont composées. J'ai pris la pesanteur spécifi-
que de quelques-unes d'entre-elles, et je l'ai ordinairement
trouvée plus grande que 2,5. Elles présentent aussi les caractères chimiques qui ont été assignés à celles d'Angleterre et de
France, par M. de Gallois, Ann. des M., tom. 3, p. 517, c'est-
à-dire, qu'elles donnent, par le grillage à l'air libre, un oxide
rouge très-attirable à l'aimant, et qu'elles font effervescence
dans l'acide nitrique à chaud, en dégageant des vapeurs ruti-
lantes d'acide nitreux.

On trouve ces masses tantôt isolées dans les couches de
houille et dans celles d'argile schisteuse, tantôt réunies en
nombre considérable, dans quelques-unes de celles-ci qui en
paraissent même quelquefois entièrement composées dans des
parties assez étendues. Je ferai connaître, plus loin, deux gîtes
principaux de ce minérai, bien plus remarquables qu'aucun de
ceux observés en Angleterre et en Écosse, par M. de Gallois,
mémoire précité; car, tandis que dans les localités qu'il indique, il n'y a qu'une seule rangée de masses réniformes dans une
même couche de schiste, et que la plus grande épaisseur de ces
couches métallifères est de 0,ᵃ25, nous les verrons entassées,
sans interruption les unes au dessus des autres, de manière à

former une épaisseur totale de 3—4 aunes. Ces masses y sont aussi disposées de manière que leur plus grande section est parallèle à la stratification générale.

5o. M. de Gallois ayant aussi remarqué que le fer carbonaté lithoïde n'appartient pas exclusivement à la formation houillère, mais qu'on le trouve en Angleterre, dans ce terrain de transition, déjà cité (37), qui s'étend depuis le Derbyshire jusqu'au nord de l'Angleterre et une partie de l'Écosse, je l'ai aussi recherché dans nos schistes intermédiaires. Ces substances n'étant malheureusement l'objet d'aucune exploitation, je désespérais de parvenir à mon but, lorsque le hazard me fit reconnaître, dans les haldes d'une vieille fosse percée au milieu du schiste argileux, un rognon de schiste calcarifère imprégné d'une quantité notable de fer que je crois y être contenu à l'état de carbonate, parce que sa couleur et sa forme sont absolument celles des masses analogues dont la nature m'est bien connue; et que, s'il n'a pas la structure testacée de celles-ci, je ne vois, dans cette circonstance, que la confirmation d'un fait déjà exposé par M. de Gallois, savoir : que quand les masses réniformes de fer carbonaté lithoïde sont détachées de leurs gîtes, elles durcissent et résistent à l'action de l'air qui tend communément à les faire passer à l'état de fer hydraté.

51. Je place ici les ampélites alumineux de MM. Brongniart, d'Aubuisson et autres minéralogistes, schiste aluminifère de M. Haüy et de plusieurs autres, que l'on trouve dans nos provinces, parce que je pense que ce sont de véritables argiles schisteuses des houillères. Il me serait difficile d'établir cette opinion sur ce que je connais de ces schistes dans la province de Namur, parce que n'étant plus exploités ni découverts, il

n'est plus possible de les voir en place. Mais comme ils sont
très-abondans et bien connus dans celle de Liége, je rappellerai
qu'ils s'y présentent avec tous les caractères extérieurs de l'argile schisteuse noire des houillères, en couches souvent très-
multipliées, et composées, elles-mêmes, de feuillets entre lesquels on trouve des aiguilles aplaties de chaux sulfatée, quelquefois disposées en étoiles; que ces feuillets contiennent beaucoup de fer sulfuré disséminé soit en paillettes brillantes, soit
en cristaux cubiques, et même en rognons assez gros à structure fibreuse radiée; qu'il n'est pas rare de rencontrer entre
quelques-unes de ces couches, de petites veines continues de
houille; que c'est toujours à la jonction du terrain calcaire avec
le terrain houiller qu'elles sont placées; et qu'enfin les filons
percés au milieu du calcaire ne pénètrent pas plus dans ces
couches que dans celles des houillères.

52. Des couches calcaires absolument analogues à celles de
la grande formation qui occupe presque toute la province de
Namur viennent aussi s'interposer, à la limite nord de l'un de
nos deux bassins houillers, entre des couches d'argile schisteuse et de grés des houillères parfaitement déterminées. C'est
ce que j'établirai, par la suite, d'une manière convaincante; et
je me bornerai, en ce moment, à rappeler que la même circonstance se présente dans le Northumberland (37) sur une
étendue considérable, et pareillement aux limites des terrains
calcaire et houiller.

53. Enfin, on trouve encore assez communément, dans cette
province, entre les couches du calcaire, des psammites et des
schistes de la grande formation, des couches d'une matière
combustible cristalline qui, d'après les ouvrages de géologie,

5.

devrait prendre le nom d'anthracite que je leur donnerai vo-
lontiers, si l'on veut également l'accorder aux têtes ou affleu-
remens de la plupart des couches de houille les plus grasses
et les mieux caractérisées; car telle est, d'abord, l'analogie d'aspect des combustibles reconnus dans ces divers gîtes avec
ceux qu'on extrait journellement, dans les bassins houillers,
près de la surface du sol, que pas un des mineurs auxquels
j'ai présenté des échantillons de cet anthracite provenant de
terrains calcaires ne s'est mépris sur sa nature, qui me paraît,
d'ailleurs, suffisamment constatée par la facilité avec laquelle
il brûle, et la parfaite ressemblance du résidu terreux qu'il
laisse, avec celui de toutes nos terres-houilles.

54. Après avoir décrit les substances minérales qui forment de *grandes masses*, dans la province de Namur et celles
qui sont disséminées dans ces roches, comme *composans* accidentels, je passe à l'examen de celles qui s'y trouvent déposées
principalement en filons, en amas et autres gîtes très-limités.

55. Le fer oxidé que nous avons vu se montrer en grains
terreux empâtés et en poudre dans les couches calcaires et
schisteuses se montre encore :

1°. En cristaux d'un gris sombre métallique, à poussière
rouge, non magnétique, du moins par la méthode ordinaire,
dont je n'ai encore trouvé qu'un bien petit nombre; encore
étaient-ils si petits que je ne pourrais pas leur assigner, avec
certitude, la forme de dodécaèdres rhomboïdeux qu'ils m'ont
paru présenter. J'observerai seulement que cette forme n'est
aucune de celles assignées ni par M. Haüy au fer oligiste, ni
par M. Beudant au fer oxidé et oligiste, mais qu'elle est une

des dérivées du cube que ce dernier cristallographe croit être le type du système cristallin de son espèce *fer oxidé*.

2°. En masses amorphes peu volumineuses, et en poudre plus ou moins fine toujours mêlées avec l'espèce suivante.

56. Le fer oxidé ( hydraté ) de M. Haüy, fer hydraté de presque tous les minéralogistes modernes ne se présente jamais sous la forme cristalline, mais :

1°. En masses fibreuses qui atteignent quelquefois un assez gros volume, et appartiennent à la variété *hématite* de M. Haüy.

2°. En stalactites imitant parfaitement de gros éclats de bois et qu'il est difficile de rapporter à aucune des variétés de M. Haüy.

3°. En boules massives ou creuses composées de couches concentriques ordinairement faciles à observer ( la variété géodique de M. Haüy comprend ces deux formes.)

Dans celles qui sont creuses et dont le centre n'est pas occupé par du fer sulfuré ou de l'argile, la couche intérieure est ordinairement composée de fibres normales à sa surface. Celle-ci est, souvent aussi, mamelonnée, enduite d'un vernis métalloïde noirâtre ou tapissée de pointes cristallines de forme inappréciable, d'un vif éclat et réfléchissant plusieurs des couleurs de l'iris.

4°. En masses cloisonnées ( Haüy ) dont les cavités sont remplies d'argile.

5°. Et enfin, à l'état pulvérulent, engagé dans l'argile qu'il colore en jaune plus ou moins foncé, et avec laquelle il constitue des ocres de diverses teintes.

57. Le fer sulfuré de M. Haüy, pyrite de plusieurs géologues, et surtout le fer sulfuré blanc de M. Haüy, pyrite blanche de plusieurs géologues, se présente avec tous ses caractères connus, parmi lesquels je crois devoir rappeler ici celui de céder, par l'action d'une chaleur suffisamment élevée, la moitié du soufre qu'il renferme, et celui de s'effleurir à l'air, avec une telle facilité qu'on est obligé, pour le conserver dans les collections, de le couvrir d'un vernis transparent et incolore. On le trouve sous deux états :

1º. En veines contournées engagées dans d'autres substances métalliques ; la structure fibreuse y est toujours très-prononcée, et ces fibres qui sont quelquefois parallèles, convergent aussi, très-souvent, vers un centre commun.

2º. En concrétions mamelonnées à structure fibreuse ou compacte.

58. Le plomb sulfuré ou galène de tous les minéralogistes,

1º. En masses et croûtes à structure laminaire, dont la surface est quelquefois hérissée de pointes de cristaux cubiques ou octaédriques,

2º. En petits grains, débris des masses précédentes.

59. Le plomb carbonaté de tous les minéralogistes,

1º. Aciculaire.

2º. Bacillaire.

3º. Terreux.

60. Le zinc sulfuré ou blende de tous les minéralogistes, laminiforme, grisàtre ou jaunâtre, forme quelques mouches dans la galène.

61. Le manganèse oxidé pur ou mélangé avec les oxides de fer et de plomb a été signalé par M. Delvaux, (Mém. de M. d'Omalius, J. des M., t. 24, p. 286 et 287), dans une seule région de gîtes métallifères; mais il y est si rare que je n'ai pas encore eu occasion de l'observer.

62. Le zinc carbonaté de tous les minéralogistes.

63. Le zinc oxidé silicifère de M. Haüy, calamine de la plupart des minéralogistes.

Ces deux derniers minéraux mélangés ensemble constituent des masses compactes, un peu caverneuses, teintes en jaune par l'hydrate de fer, ou en rouge par l'oxide de ce métal.

64. La baryte sulfatée trapésienne de M. Haüy.

65. L'argile plastique de M. d'Aubuisson et de la plupart des minéralogistes et des géologues, terre à pipe du commerce, en masses ou couches compactes, formant une pâte très-tenace. Il y en a d'un blanc très-pur qui conservent leur couleur au feu et que l'on a même employées, avec succès, à la fabrication de la porcelaine; mais, généralement elles rougissent au feu, ce qui est dû à la petite quantité d'hydrate de fer qu'elles renferment et qui y devient quelquefois assez abondant, surtout dans les parties inférieures des gîtes, pour les colorer en jaune plus ou moins foncé. L'oxide rouge de fer communique aussi sa couleur à quelques-unes de nos argiles plastiques qui en contiennent une assez forte proportion. Il y en a aussi de noi-

res qui doivent cette teinte au charbon dont elles sont impré-
gnées, car elles blanchissent au feu nécessaire pour cuire les
pipes qu'on en fabrique.

Le charbon se présente aussi dans ces masses ou couches,
mais sous l'état de lignite dont la décomposition n'est même
pas fort avancée, et au milieu duquel on trouve, de temps en
temps, des branches et même des troncs d'arbres assez bien
conservés.

66. L'argile commune ou argile ocreuse jaune de M. Haüy.

67. Des sables quarzeux blancs, grisâtres, jaunâtres, rou-
geâtres, parmi lesquels on rencontre souvent des quantités
prodigieuses de fragmens roulés de quarz hyalin passant quelquefois au cristal de roche, et d'autres fois à la variété nommée grasse par M. Haüy.

68. Toutes ces substances se confondent souvent dans les
mêmes gîtes dont je décrirai, avec quelqu'étendue, ceux où le
mode d'exploitation a permis un examen approfondi; je ne
ferai qu'indiquer les autres, d'après des présomptions quelquefois un peu vagues, soit parce qu'il n'est plus possible d'y
pénétrer aujourd'hui, soit parce que leurs irrégularités et l'é-
tendue bornée des travaux d'extraction ne permettent pas de
lier ensemble les idées que l'on peut se former dans chacun
des points percés. Quoiqu'il en soit, je crois pouvoir assigner
à toutes ces substances, trois gisemens différens, dans la province de Namur :

1°. En filons dans le calcaire.

2°. En amas couchés, dans les vides que laissent souvent, à leur jonction, les terrains calcaires et siliceux.

3°. En dépôts superficiels, mais souvent fort épais, gisans dans des espèces de vallées, ou selon M. Bouesnel, J. des M., tom. 31, p. 389, dans des dépressions ou cavités formées au milieu du calcaire.

69. Les débris d'êtres organisés sont assez rares dans ces différens gîtes; cependant on y trouve quelquefois des entrochites engagés dans le fer hydraté et dans les substances pierreuses qui l'accompagnent.

# DEUXIÈME PARTIE.

---

## DÉTAILS LOCAUX.

A. *Terrains calcaires, psammitiques et schisteux, et substances minérales qui y sont contenues.*

70. Je décrirai d'abord, avec une attention minutieuse, la zone calcaire la mieux connue de la province de Namur, afin de donner un exemple des grandes ondulations que présentent, tant dans le sens horizontal que dans le sens vertical, les terrains qui constituent la majeure partie de son sol, et d'obtenir des indications précises qui puissent ensuite nous aider à trouver par analogie, la marche de plusieurs autres bandes.

Celle dont je vais m'occuper est située au nord de la Sambre, et traversée, dans une partie de son prolongement vers l'est, par la Meuse. La vallée escarpée de ce fleuve nous en montre à découvert un grand nombre de bancs, et les carrières établies, sur ses deux rives, depuis un temps immémorial, pour extraire des pierres de construction dont il se fait un commerce considérable, nous mettent à même de déterminer les différens points qu'elle parcourt depuis Namur jusqu'à la limite orientale de la province; mais il eût été beaucoup plus difficile de les fixer, d'une manière satisfaisante, vers l'ouest, parce qu'il n'existe, de ce côté, qu'un petit nombre d'arrachemens naturels et artificiels, si l'on n'était point guidé, dans

6.

ces recherches, par quelques couches minces de houille inter-
posées entre plusieurs de celles qui constituent cette zone calcaire. L'exposé suivant ne laissera, je pense, aucun doute sur
l'exactitude de la marche que je lui assigne.

Qu'on se figure donc une énorme pile de bancs calcaires
dont voici les noms et les épaisseurs, dans leur ordre de superposition naturelle, en commençant par ceux du dessus.

1°. Bancs innommés et exploités, seulement, à la surface,
en quelques points.

| | | |
|---|---|---|
| | Bancs des crèpes épaisseur | 0ᵃ, 35. |
| | — de trois pieds, | 0, 90. |
| | | 0, 25. |
| | les cliekiens, | 0, 20. |
| | | 0, 25. |
| | Banc de trois pieds, | 0, 90. |
| | ——— sept — | 2, 10. |
| 2°. Bancs | ——— trois — | 0, 90. |
| des plates escailles. | ——du lard, | 0, 25. |
| | ——— prachelin, | 0, 35. |
| | ——— rayé, | 0, 25. |
| | ——— calamande, | 0, 35. |
| | ——— petit rayé, | 0, 25. |
| | ——— simple seuil, | 0, 12. |
| | ——— fort banc, | 0, 16. |

$$7^a, 58.$$

3°. La roche blanche.    $4^a, 50.$

$$4^a, 50.$$

|  |  |  |
|---|---|---|
| | beau banc, | 0ª, 60. |
| | banc de trois pieds, | 0, 90. |
| 4°. Bancs | tenne banc, | 1, 10. |
| de la rochette. | banc teteux, | 0, 60. |
| | fort banc, | 0, 90. |
| | gros banc, | 1, 00. |

5ª, 10.

|  |  |  |
|---|---|---|
| | gros banc des clous, | 0, 84. |
| | banc des bacs, | 0, 54. |
| | — d'un pied, | 0, 30. |
| | couche d'argil. de 0ª,03 d'épaiss. | |
| | baleine, | 0, 90. |
| | bredeau, | 0, 24. |
| | croûte du chien, | 0, 09. |
| 5°. Bancs | chien, | 0, 42. |
| des grands malades. | jaune banc, | 0, 24. |
| | croûte des clous (marbre noir) ép., | 0, 09. |
| | bon tenne banc (marbre noir), | 0, 18. |
| | croûte du velours, | 0, 09. |
| | banc du velours (marbre noir), | 0, 24. |
| | fier banc, | 0, 18. |
| | banc des molettes, | 0, 42. |
| | petit banc des clous, | 0, 15. |
| | banc dur et laid, | 0, 42. |

5ª, 34.

|  |  |  |
|---|---|---|
| | blanc banc, | o, 45. |
| | janissaire, | o, 3o. |
| | gros banc, | o, 74. |
| 6°. Bancs | bon tenne banc (marbre noir), | o, 45. |
| de Cantin Gilain. | les deux coupes talons, | o, 44. |
| | banc des clous, | o, 38. |
| | molisse, | o, 74. |
| | banc des colonnes, | o. 44. |
| | banc delère, | o, 78. |

4ᵃ, 72.

|  |  |
|---|---|
| | gros chat, |
| | petit chat, |
| | gros tachu, |
| | petit tachu, |
| | bonne crosse, |
| | banc de trois pieds, |
| 7°. Bancs de | ———— sept ——— |
| Lyves et Namêche. | ———— un  —— |
| | ———— deux—— |
| | gris banc, à Lyves, fort banc, à Namêche, |
| | banc des bacs, |
| | tenne banc, |
| | banc de deux pieds, |
| | ——— trois ——— et demi. |

1oᵃ, 62.

8°. Bancs innommés et à peine exploités.

Épaisseur totale des bancs nommés,    37, 86.

Entre la plupart de ces groupes, il y a encore quelques bancs dont je n'ai pas fait mention.

71. Les bancs innommés dont j'ai composé le premier groupe sont ceux qui forment la limite nord de nos deux bassins houillers. Ils passent donc : à un petit quart de lieue au nord du clocher de Velaine, un peu au nord du moulin de Goyet (commune de Jemeppe), dans le village de Spy, dans celui de Temploux, à Belgrade (commune de Flawinne) et dans une grande carrière ouverte à Salzinne (commune de Namur), entre la route de Namur à Bruxelles et la rivière de Sambre, à l'endroit où cette route et cette rivière sont le plus rapprochées.

72. C'est dans cette dernière carrière que l'on peut le mieux observer les deux petites veines d'anthracite ou terre-houille (53) qui se montrent aussi à découvert, avec une épaisseur plus considérable, entre des bancs calcaires, au nord de Jemeppe. A Salzinne, celui qui sépare les deux veinettes de combustible est fort mince, interrompu en un point, où ces deux veinettes se réunissent, au moyen d'un renflement produit dans celle du dessous, tandis que, dans un point voisin du précédent, la veinette supérieure est remplacée, sur une petite longueur, par une couche calcaire qui en interrompt tout-à-fait la continuité.

De petites masses de chaux carbonatée fibro-soyeuse conjointe sont disséminées dans ces couches de combustible et contrastent avec sa couleur par leur éclatante blancheur.

73. Quelques-uns des bancs du cinquième groupe ont été reconnus dans une petite carrière ouverte près de la maison dite *Tivoli*, au nord-est de celle de Salzinne.

En avançant, ensuite, vers l'est, on y retrouve ces bancs du cinquième groupe au sommet de la montagne de Bomelle qui borne, au nord, la petite plaine dans laquelle est bâtie la ville de Namur.

On a aussi exploité les pieds de ces mêmes bancs dans une belle carrière souterraine dite *Trou des récolets* située à l'est et à peu de distance de la précédente.

On enlève encore les têtes de ces bancs, pour découvrir ceux des 6ᵉ et 7ᵉ groupes, dans les grandes et nombreuses carrières ouvertes au sommet de la montagne dite du *Moulin à vent*.

De là, ils passent dans deux autres carrières souterraines, maintenant abandonnées, dont on rencontre les orifices des deux côtés du ravin de St.-Fiacre, puis à la carrière souterraine des Grands Malades située sur la rive gauche et au niveau de la Meuse, à l'est de Namur, la seule où l'on continue l'exploitation de ces bancs négligés dans les autres, soit à cause de la qualité inférieure de la pierre, soit à cause de sa teinte foncée et par conséquent peu agréable à l'œil. En revanche, cette teinte est assez prononcée, dans quelques-uns de ces bancs, pour qu'on puisse les employer comme marbre noir. C'est même, de tous les marbres de la même couleur qu'on exploite, sur divers points de la province, celui qui résiste le mieux à la gelée et à la chaleur; malheureusement, il est rare qu'il soit exempt de *terrasses* (fentes très-minces remplies de matière argileuse), de veinules et de taches blanches, et surtout de *clous* (22) qui dépassent, toujours un peu, après le polissage le plus soigné.

Remarquons, en passant, la petite couche d'argile interposée entre deux bancs de ce système et qui se représente sur

toute son étendue laquelle est, comme nous le verrons tout-à-
l'heure, de plusieurs lieues. C'est à elle qu'est due la facilité
d'établir des carrières souterraines pour l'exploitation de ces
bancs, parce que après l'avoir enlevée, avec un outil convenable, et avoir ainsi desserré les deux couches qui la renferment, on peut faire sauter à la poudre, sans crainte d'ébranler
toutes les autres, celle de dessous qui est précisément d'une
qualité médiocre et d'une épaisseur suffisante pour qu'un ouvrier puisse travailler dans les vides obtenus par ce moyen.

Rappelons encore que c'est principalement dans cette carrière qu'on trouve, entre plusieurs bancs, des écailles d'un
noir subluisant que M. Bouesnel regarde, d'après M. Vaugeois
(J. des M., tom. 29, p. 109), comme un véritable anthracite
semblable à celui que M. d'Omalius a découvert en petites
masses composées de grandes lames droites ou courbes, d'un
noir très-brillant, dans la chaux carbonatée laminaire de Visé
(province de Liége).

74. Au sud-ouest de cette carrière, on rencontre, sur la
route de Namur à Huy, un peu au delà du petit ruisseau qui
baigne les murs de la ferme de *Haute en Éve,* les bancs du
premier groupe, avec leurs deux veinettes de combustible. Or
ces deux derniers points sont situés sur une ligne à peu près
parallèle et égale à celle qui joint les carrières de Salzinne et
de Tivoli; donc les veinettes de terre-houille, que l'on trouve
entre les bancs calcaires exploités à Salzinne et ceux que la
Meuse a découverts à la Haute en Éve, sont bien identiques.

Avant d'avoir trouvé une démonstration aussi rigoureuse
(que les mathématiciens géologues me passent cette expres-
sion) de cette identité, j'avais essayé de l'établir en prenant les

7

épaisseurs des bancs calcaires dans l'un et dans l'autre lieu;
mais cette observation ne peut conduire à aucun résultat,
parce qu'on remarque, dans ces bancs, et surtout dans ceux
de la Haute en Éve, une grande tendance à se diviser en plusieurs autres qui se présentent à l'observateur, sans qu'il ait
même besoin de se déplacer, tantôt nettement séparés, tantôt
réunis de manière qu'il n'y a plus, entre eux, aucun joint
sensible.

Les deux veinettes de combustible de la Haute en Éve sont
aussi séparées, comme dans la carrière de Salzinne, par une
couche calcaire de quelques pouces d'épaisseur; mais on y
remarque, de plus, que la veinette inférieure disparaît totalement, en un point, pour faire place à l'argile.

On peut encore observer, à mille aunes environ à l'est du
dernier point cité et à 100 aunes au midi de la route, dans la
vallée où coule le ruisseau des Larrons, les deux veinettes
réunies en une seule beaucoup plus épaisse; mais si l'on gra-
vit la montagne située à l'ouest, on retrouve, de nouveau, la
couche partagée en deux parties par un petit banc calcaire.

75. Avant de poursuivre l'examen de la bande calcaire
qui nous occupe, dans son prolongement vers l'est, observons
le grand circuit qu'elle fait autour de la ville de Namur. La
boussole indique que sa direction prise dans des galeries hori-
zontales de près de 100 aunes de long percées dans les carrières des Grands Malades, de St.-Fiacre et des Récolets fait,
successivement, avec la ligne du vrai nord, des angles de
75° — 3o′, 67° — 3o′ et 70° — 3o′, d'où l'on voit que cette
bande ne traverse pas directement l'espace compris entre les

deux points extrêmes où j'ai signalé l'un des groupes qui la compose, mais suit une grande courbe dont la concavité est tournée vers la ville. Aussi les puits qu'y enfoncent les habitans et les larges fossés dont le génie militaire l'a entourée, n'ont-ils recoupé, jusqu'à une profondeur assez considérable, que des schistes houillers.

Cette grande courbe, au moyen de laquelle les couches que je fais ici connaître se rejettent vers le midi, à partir de la ville de Namur, est facile à remarquer dans toutes celles dont les tranches sont vues à découvert, dans la vallée de la Meuse, depuis cette ville jusqu'à Givet. De sorte que, le long de la rivière, ces couches paraissent avoir une direction du S. S. E. au N. N. O. Il était d'autant plus essentiel de vérifier cette circonstance qu'elle a fait naître, chez un grand nombre de personnes, des idées fausses sur les allures des couches de la province de Namur.

76. A partir de la carrière des Grands Malades, la direction générale de notre bande calcaire coupe la Meuse si obliquement qu'on ne rencontre plus les bancs placés au dessous du premier groupe avant le village de Lives où ils forment, tout près de la rivière, et sur sa rive droite, une montagne fort élevée au sommet de laquelle on exploite, à ciel ouvert, depuis ledit village de Lives, jusques près de celui de Brumagne, les bancs des 6e et 7e groupes; mais on n'y retrouve pas ceux des groupes supérieurs, d'abord, parce que le 5e y a été complètement extrait, à une époque assez reculée pour que la tradition seule puisse maintenant établir ce fait ( ils sont, d'ailleurs, percés dans deux carrières souterraines situées au midi et abandonnées depuis un temps immémorial ), ensuite, parce

que ceux du dessus placés au midi des précédens n'ont point
encore été découverts.

Les bancs du 7ᵉ groupe sont ceux qui fournissent les pierres
de taille les plus recherchées, surtout pour les constructions
sous l'eau. Leur couleur varie du gris au gris bleuâtre; on y
remarque celui dit *Gris Banc*, à Lives, et *Fort Banc*, à Namêche, formé par la réunion intime de deux autres très-dif-
férens par l'intensité de leur couleur, ayant chacun à peu près
la moitié de l'épaisseur totale, mais qui se séparent, quelquefois, de manière à former deux bancs distincts.

77. Avant d'arriver au grand vallon où coule le ruisseau de
Samson, on rencontre, au sommet des hauteurs comparables
à celles de Lives qui bordent la route au midi, les bancs des
Grands Malades au dessous desquels on exploite ceux de Can-
tin Gilain; mais, de l'autre côté, sur le versant sud d'une montagne dont la Meuse baigne le pied, existent les grandes carrières de Namèche où l'on travaille les bancs du 7ᵉ groupe.

78. En continuant d'avancer à l'est, sur la crête de la montagne qui va toujours en s'élevant jusqu'au grand ravin de
Samson, on ne trouve, de part et d'autre de celui-ci, que les
bancs du 2ᵉ groupe et cette belle roche blanche aussi remarquable par sa couleur et son épaisseur qui va quelquefois jusqu'à 5ᵃ, que par la propriété dont elle jouit de se laisser assez
facilement fendre en tranches de 0ᵃ, 03 d'épaisseur. On taille
celles-ci en carreaux grisâtres de toutes dimensions, on les sou-
met à un frottement qui les unit parfaitement, on les assortit
avec les carreaux noirs des petits bancs de Denée, Dinant, etc.,

dont il sera parlé ci-dessous, et on les livre au commerce qui les emploie à paver les églises, les vestibules, etc.

79. On a exploité, dans quelques-unes des carrières de Thon et Samson, deux bancs susceptibles de fournir des marbres qui, pour n'être pas fort connus, n'en méritent pas moins d'être cités ici. Ils présentent, sur un fond gris bleuâtre, de petites veines et taches dont les unes sont d'un gris beaucoup plus clair et les autres d'un bleu beaucoup plus foncé.

A quelques cents aunes au delà du ravin, on est surpris de retrouver les bancs des Grands Malades, presqu'au niveau de la Meuse, dans une carrière souterraine située sur le bord de la route de Namur à Huy.

80. Depuis Samson jusqu'à Sclayn, ou plutôt, jusqu'au petit ruisseau d'Eumont qui, venant de Bonneville, s'engouffre dans cette bande calcaire et ne reparaît plus qu'à un quart de lieue au nord, près de la route, il existe encore plusieurs grandes carrières dans lesquelles on exploite généralement les bancs de tous les groupes inférieurs au 2e.

C'est sur une partie de cette distance que l'on peut principalement remarquer un grand nombre de veines continues et parallèles de jaspe schisteux subluisant, au milieu des roches calcaires dont quelques parties comprises entre ces petites couches se présentent divisées en feuillets très-minces perpendiculaires aux faces de celles-ci.

81. Au delà de Sclayn, on voit, le long de la route, les bancs changer d'inclinaison et de direction, devenir plus plats, et biaiser plus fort vers le nord. La même observation se re-

présente au village de Seille situé sur la rive gauche de la
Meuse à la limite des provinces de Liége et de Namur, d'où ils
continuent leur route, en ligne droite, vers Marsinne (province de Liége), avec une direction générale du sud-ouest au
nord-est.

82. La lisière méridionale de cette grande bande calcaire
nous a présenté quelques veinettes d'anthracite ou terre-houille
dont j'ai décrit la marche, sur une étendue de plus de trois
lieues. Je vais en signaler quelques autres plus épaisses près
de sa limite septentrionale. Elles ont été recoupées, au nombre
de quatre, au midi du village de St.-Marc, par la galerie d'é-
coulement que la société de Vedrin a percée, à travers les bancs,
pour atteindre le filon de plomb qu'elle exploite; mais une
seule, la troisième vers le nord, a été suivie par une galerie
de recherches au moyen de laquelle on s'est assuré qu'elle
présentait assez de régularité dans sa marche et dans sa puissance : celle-ci s'est trouvée de $0^a$, 75 dans un point situé entre ladite arène et la ferme de Brieniot. L'une ou l'autre de ces
couches se montre au jour entre deux bancs calcaires près de
ladite ferme de Brieniot, et dans une carrière ouverte près du
fourneau de Rilles (ruisseau de Vedrin), deux points éloignés
de près d'une demi-lieue l'un de l'autre.

83. La bande calcaire que nous venons de parcourir présente, sur presque toute l'étendue de sa lisière méridionale,
des roches siliceo-calcaires trop remarquables pour que nous
ne nous arrêtions pas, un instant, aux principaux points où
elles se montrent.

On les trouve, d'abord, le long de la rive gauche de la

Meuse, des deux côtés de Marche-sur-Meuse, sur une étendue développée de près d'une lieue, et, dans le vallon de Marche-les-Dames, jusque près l'ancienne abbaye de ce nom éloignée de 1000 aunes, environ, du bord de la rivière. Elles sont tantôt nettement divisées en couches dont l'inclinaison approche souvent de l'horizontale, tantôt en masses dont la stratification n'est pas apparente. Dans l'un et dans l'autre cas, elles sont toujours sillonnées par une multitude de fentes dirigées dans toutes sortes de sens et criblées de cavités bulleuses quelquefois disposées en ligne droite; cette chaîne de rochers fort élevés est terminée supérieurement par une suite de pics élégans qui, d'un peu loin, présentent l'aspect d'une vaste ruine.

En avançant, de l'est vers l'ouest, on retrouve encore la même roche, en couches plus distinctes et plus inclinées à l'horizon, constituant quelques montagnes moins élevées et notamment celle dite des Sarrazins dans laquelle est creusé le grand chemin de Namur à St.-Marc. Je la signale, ici, parce qu'on trouve, dans la plupart de ses bancs, une multitude d'empreintes qui me paraissent être principalement des entrochites, et, entre plusieurs d'entre eux, des couches très-minces de fer hydraté passant à l'hématite. Je ne connais malheureusement pas d'autre arrachement naturel ni aucun percement artificiel qui puisse faire connaître, d'une manière plus étendue, ce mode de gisement unique dans la province.

Le calcaire siliceux se montre encore, mais avec une consistance beaucoup plus grande et telle qu'on l'a employé très-long-temps à la confection des pavés de route, depuis Miel-mont, à l'est de St.-Martin Balâtre, jusqu'à la route du Point du Jour à Fleurus , en passant par les villages de St.-Martin Balâtre et Boignée.

84. Le vallon de Marche-les-Dames nous offre aussi, près de son embouchure dans celui de la Meuse, quelques masses maintenant isolées de tuf calcaire reposant sur les roches silicéo-calcaires.

85. Les gîtes métallifères que renferme notre première zone calcaire sont assez nombreux; mais, comme ils ont été, en grande partie, dépouillés par des exploitations fort anciennes, celles que l'on exécute, à présent, sur quelques-uns d'entre eux, ne sont pas de nature à fournir des idées précises sur les relations géologiques qu'ils peuvent présenter. Il faut donc se borner, à cet égard, aux conjectures plus ou moins fondées que font naître les vestiges superficiels, des travaux exécutés par nos devanciers.

On a extrait beaucoup de fer hydraté au midi du village de Balâtre et près de celui de Boignée; mais je n'ai point ouï dire qu'on en ait jamais trouvé d'autres gîtes à l'ouest de la ville de Namur.

86. On a repris récemment, à Berlacominne ( commune de Vedrin) l'exploitation long-temps abandonnée d'un filon contenant du fer hydraté, accidentellement mêlé d'un peu de galène. Il commence dans le bois au midi du hameau de Rond-Chêne, se dirige du sud-est au nord-ouest, en passant à l'est et près de la ferme de Berlacominne au sud de laquelle il se divise en deux branches dont l'une conserve la direction primitive et l'autre paraît en prendre une nouvelle vers la carrière des Récolets.

87. Plusieurs petites exploitations de fer hydraté ont été ouvertes, à diverses reprises, au hameau de Forêt, situé entre Bouge et Beez, dans les bois au nord-ouest de ce dernier village et dans ceux au midi de Lives. Il n'est point encore possible de prononcer si les gîtes reconnus dans tous ces points appartiennent à un ou plusieurs filons ou s'ils ne sont que des cavités formées au milieu du calcaire. Cette dernière opinion paraît être la plus vraisemblable pour ceux de la rive gauche de la Meuse; mais il paraît assez clair que celui de Lives, après s'être dirigé de l'est à l'ouest, tourne subitement vers le nord, comme s'il devait traverser la rivière près de l'église, ainsi que le présument quelques-uns des ouvriers qui l'ont travaillé.

88. A un quart de lieue au midi de Brumagne, on voit, à la surface, une grande cavité en forme d'entonnoir, dans laquelle on a exploité, il n'y a pas encore long-temps, beaucoup de fer hydraté.

Une autre dépression plus profonde que la précédente et ayant la forme d'un demi-ellipsoïde dont le grand axe se dirige du nord au midi est située à 1000 aunes, environ, au sud du hameau de Wartet. Elle est produite par les exploitations qui y ont été faites, à une époque assez reculée, d'une énorme quantité de minérai de fer jaune.

89. A l'ouest et près du château du Moinil (commune de Maiseret), un filon se dirigeant du nord au sud et renfermant, outre le fer hydraté, des morceaux de galène dont on retrouve encore quelques traces a été l'objet d'un grand nombre de recherches ou d'exploitations dont les plus récentes n'ont produit aucun résultat satisfaisant.

90. Les bouleversemens du sol font encore reconnaître les extractions considérables de minérai de fer jaune qui ont eu lieu dans les campagnes au nord-est de Namêche. Le gîte qui le renfermait paraît être un filon se dirigeant du sud-est au nord-ouest et se terminant par des amas plus ou moins volumineux à la bande siliceuse que nous verrons bientôt limiter au nord cette première bande calcaire.

Des campagnes situées au nord-est de Namêche, ce filon passe dans le ravin dit Mohée qui aboutit aux prairies de la Meuse et a été exploité jusque près de cette rivière; et l'on a aussi tiré le même minérai, sur la rive opposée, par une fosse placée sur le versant occidental du vallon du Forez qui paraît être la continuation du précédent. Cette circonstance et quelques autres observations ont fait adopter aux mineurs l'opinion que le filon dont il s'agit ici traverse la Meuse.

91. Enfin la zone calcaire qui nous occupe présente aussi, au midi du clocher de Loyers, quelques couches d'argile plastique déposées dans une cavité en forme de chaudière dont elles suivent tout le contour. Ces gîtes fort intéressans d'argile plastique seront examinés ci-dessous avec plus de détails.

92. Au nord de la première zone calcaire que j'ai décrite, d'une manière détaillée, est une petite bande siliceuse dont j'ai constaté le passage par les points suivans :

1º. A l'abbaye de Marche-les-Dames, près de laquelle deux carrières ont été ouvertes pour en extraire des pavés;

2º. Sous le hameau de Rond-Chêne ( commune de Vedrin );

3º. Des deux côtés du fourneau de Rilles ( sur le ruisseau de Vedrin ), où plusieurs des bancs qui la composent ont les caractères d'une calcédoine grossière;

4º. Près du château du Bôquet (route de Namur à Bruxelles), où l'on a également exploité quelques-uns de ses bancs
pour en faire des pavés;

5º. A l'est de Mielmont (commune d'Onoz) où on l'a trouvée
au dessous des roches silicéo-calcaires exploitées pour en faire
des pavés;

6º. Auprès du ruisseau qui forme, sur la route du Point du
Jour à Fleurus, la limite entre les deux provinces de Namur
et de Hainaut.

93. Quelques couches d'argile plastique sont intercalées entre celles qui constituent la bande siliceuse dont il s'agit ici,
et l'on a même exploité, à différentes reprises, au hameau du
Rond-Chêne la principale qui n'a que 0ᵃ, 15 — 0ᵃ, 25 de puissance. Comme elle est réfractaire et présente, en quelques
points, une belle couleur blanche qui persiste au feu, elle a été
employée, avec succès, à la manufacture de porcelaine de
Tournay; mais, dans d'autres points, elle offre des taches et
même des nids de fer hydraté massif que l'on est obligé d'enlever avec soin, et cette circonstance jointe au peu d'épaisseur
de la couche a empêché jusqu'ici de la poursuivre par des travaux réglés qui auraient pu faire connaître, avec plus de détails, les circonstances de son gisement.

94. Au nord de cette petite bande siliceuse, se présente une
seconde bande calcaire bien intéressante sous le rapport in-
dustriel.

Je signalerai, d'abord, les bancs de *granite* (20) que l'on
exploite entre Ligny et St.-Amand. Ils ont la plus grande analogie avec ceux bien plus connus des carrières des Écaussines,

8.

de Féluy et d'Arquennes (province de Hainaut); cependant la couleur de ceux-ci n'est pas d'un noir aussi foncé.

Tous les bancs de Ligny ont une direction régulière de l'est à l'ouest, une inclinaison au midi de $0^a$, 25 par aune; mais ils présentent de grandes différences, sous le rapport de la dureté, de la finesse du grain, et du nombre des filets blancs et des *terrasses* (73) remplies d'une matière charbonneuse pulvérulente, tachant fortement les doigts, qui abondent dans certains bancs. Il y en a deux remarquables par la finesse de leur grain : l'un qui l'est aussi par son épaisseur $= 0_a$, 80, environ, est le plus bas de tous ceux que l'on exploite; l'autre qui est encore préféré au précédent n'a pas $0^a$, 25 de puissance. Parmi ceux, au nombre de vingt, qui sont placés au-dessus du premier dont je viens de parler, on en distingue un plus épais que lui, puisqu'il a $1^a$ de puissance, et un autre de $0^a$, 50, trop dur pour pouvoir recevoir le poli, mais que l'on emploie avantageusement pour façonner les bordures des routes pavées. La plupart servent indifféremment à la confection des pierres de taille, ou des tranches de ce marbre qui se débite, dans le pays, et surtout en France, sous le nom de *granite*. Les éclats de pierres servent à faire une chaux grasse fort estimée.

Dans l'une des carrières que j'ai visitées, j'ai vu un filon de quelques aunes de largeur à son orifice supérieur, mais se rétrécissant, d'une manière fort sensible, en forme de coin, et s'enfonçant à une profondeur inconnue. Sa direction est à peu près perpendiculaire à celle des couches. Il est rempli d'une argile qui, très-grasse et approchant de la plastique, en certains endroits, passe, dans d'autres, à un sable argileux, pré-

sente, en ses divers points, les couleurs blanches, jaunes et
noires et contient, çà et là, des masses arrondies d'un grès
quarzeux dont on a fait des pavés.

La structure graniteuse se retrouve encore, quoique bien
moins prononcée, dans les bancs calcaires qu'on exploite près
du village de Balâtre et près de la ferme Vilret, au nord de
St.-Martin Balâtre. Cette ressemblance a déjà porté les ouvriers
à croire que ce sont ceux de Ligny qui passent par ces points;
nous trouvons un motif bien plus fort d'adopter leur opinion
dans le parallélisme parfait de la ligne qui joint les carrières
de Ligny et celle de la ferme Vilret avec celle qui a été décrite (71) comme formant la limite nord du bassin houiller de
la Sambre.

D'après ces considérations, et en ayant égard au grand
tournant de la première bande calcaire démontré (75) et à celui de la zone siliceuse qui sera indiqué (100), le système des
bancs que je viens de faire connaître est celui qu'on retrouve
depuis Artey-Falize jusqu'à Rhisne, depuis St.-Marc jusqu'au
nord de Vedrin, depuis Boninne jusqu'à Gelbressée et depuis
l'abbaye de Marche-les-Dames jusqu'à Ville-en-Waret. Dans toutes ces localités, quelques petites carrières sont ouvertes sur
plusieurs de ces bancs calcaires, mais ne présentent rien de
remarquable, j'observerai seulement qu'à Gelbressé où ils se
chargent de silice, on les emploie, sous le nom de pierre à
feu, pour garnir l'intérieur des foyers.

95. C'est principalement dans cette bande calcaire, et surtout dans la partie de cette bande qui éprouve un renflement
considérable lequel paraît s'étendre depuis St.-Marc jusqu'à Ve-

sin, que se trouvent les filons métallifères les plus importans
de la province de Namur.

Le plus régulièr et le mieux connu de ces gîtes est, sans
contredit, celui de Vedrin qui a été décrit, avec un soin particulier, par M. Bouesnel (J. des M., t. 29, p. 214—218.) Nous
ne pouvons donc mieux faire que de présenter, ici, un extrait
de son travail.

Le filon de Vedrin dont la découverte remonte à l'année 1619,
mais dont l'exploitation régulière ne commença qu'en 1632,
fut abandonnée en 1792 et enfin reprise en 1806, coupe tous
les bancs de notre seconde bande calcaire située au nord de
Namur et se prolonge aussi un peu dans les bandes siliceuses
du nord et du midi, en se dirigeant du sud-ouest au nord-est,
depuis le village de St.-Marc jusqu'au nord de Vedrin, sur une
étendue de 2000ᵃ, environ, et en s'inclinant un peu au sud-est.
Quant à sa puissance, elle varie aux divers points de sa direction et de son inclinaison; dans ses resserremens qui ne sont
que trop fréquens, il ne reste quelquefois même plus de trace
métallique entre les plaques de chaux carbonatée laminaire
qui en forment, alors, les salbandes et dont l'apparition est,
par ce motif, toujours regardée comme de mauvais augure. Dans
d'autres points c'est l'argile qui recouvre les parois de la fente,
sous forme de couches très-épaisses.

Au milieu de la longueur connue de ce filon, il en sort deux
branches, et, alors, il se perd entièrement à la surface, et ne
reparaît que plus bas, ce qui semble bien indiquer que la
fente n'a pu être un simple effet de la contraction produite
par le desséchement, mais bien plutôt celui d'une rupture
violente de tout le terrain, autour de ce point.

Ce filon a, d'abord, été exploité pour la mine de fer qu'il renferme, jusqu'à une grande profondeur, en boules, mamelons, tubercules et grains disséminés dans une argile ferrugineuse, avec des fragmens de silex rougeâtre et de jaspe noir.

C'est dans cette gangue, qu'à une certaine profondeur au dessous de la surface, on a commencé à trouver la mine de plomb, telle que nous l'avons décrite, (58, 59). Ce minérai s'y trouve par veines ou filets tantôt plats, tantôt droits, et tantôt inclinés. Dans cette dernière position, il est digne de remarque que leur inclinaison et leur direction sont toujours : la première, du même côté, et la seconde, la même que celle du gîte. Leur étendue dans ces deux sens, est très-bornée; mais leur épaisseur varie ordinairement de $1^a$—$2^a$. C'est tantôt près du toit, tantôt près du mur et quelquefois au milieu même du gîte qu'on les trouve; mais on n'en a jamais vu plus d'un sur le même point de la direction.

A des profondeurs qui varient, suivant les différens points de la direction du filon, la pyrite blanche de fer, après être apparue, en particules fines, dans la gangue d'argile et d'ocre, se met peu à peu à sa place, et finit par occuper presque toute la largeur du gîte, tantôt en stalactites rayonnées, adhérentes les unes aux autres, et tantôt en petits mamelons disséminés dans une terre noire. Dans l'un et dans l'autre cas, elle présente, encore, assez communément, la galène répandue en filets contournés à laquelle s'associent quelquefois la blende et la calamine, en lamelles jaunâtres; mais il arrive aussi que ces pyrites sont tout-à-fait stériles.

Un fait bien important constaté par M. Bouesnel est la présence, dans l'ocre jaune du filon de Vedrin, d'une matière végétale analogue à l'extractif.

Au nord-ouest du filon de Vedrin, et par conséquent près de la bande siliceuse et ferrifère qui sera décrite ci-dessous, existe un dépôt de fer hydraté très-étendu en surface, mais qui ne l'est pas à beaucoup près autant en profondeur, de sorte qu'on doit le regarder comme un de ces amas superficiels dont j'ai parlé (68).

96. A l'est du grand filon de Vedrin, en existe un autre qui présente, à peu près autant de régularité, c'est celui qui commence dans le bois voisin du village de Cognelée, traverse le village de Champion, et ne finit, dit-on, que dans la plaine de Bouge, près de Namur. Si cette dernière circonstance, qu'il n'est pas encore possible de vérifier actuellement, est constatée par les travaux ultérieurs, on devra en conclure que ce filon traverse toute la bande siliceuse (92). Quoiqu'il en soit, ce gîte exploité depuis un grand nombre d'années, par une multitude de fosses, pour en tirer la mine de fer hydraté qu'il renferme, contient aussi, à une certaine profondeur, de la galène en morceaux de diverses grosseurs, des pyrites blanches et des terres noires pyriteuses.

Entre le grand filon que je viens de décrire et la route de Namur à Louvain qui n'en est éloignée que de 400 — 500 aunes, vers l'ouest, on en connaît encore deux ou trois autres qui lui sont à peu près parallèles, mais qui n'ont point été suivis sur une aussi grande longueur.

Au nord-est, et à une petite distance du filon de Champion, on exploite, dans le bois de Beauloi, plusieurs amas superfi-

ciels de fer hydraté très-étendus en surface et quelquefois
même en profondeur qui a été trouvée de 50 aunes, en plusieurs points.

97. Les autres gîtes percés dans la même bande calcaire, à
l'est du précédent, ne paraissent pas, à beaucoup près, aussi
bien réglés. On extrait, cependant, des quantités prodigieuses
de fer hydraté, sous les communes de Boninne, Marchovelette,
Gelbressée et Marche-les-Dames; mais les allures des filons qui
contiennent ce minérai sont assez difficiles à reconnaître, à
cause des nombreux embranchemens qu'ils forment de toutes
parts et que les mineurs caractérisent fort bien par un mot
qui signifie *éclaboussures*. Je ne signalerai donc ici que les
deux principaux : l'un connu sous le nom de *Trayen de Maquelette* dont le minérai est un des plus recherchés de la province, est situé entre les fermes de Pierre-Côme et de Maquelette, et son grand axe prolongé au nord et au midi passerait
sous les villages de Marchovelette et de Boninne; l'autre qui
commence entre la ferme de Maquelette et l'église de Gelbressée par un amas énorme qui a près de 1000 aunes de long et
plus de 200 aunes de large s'étend jusqu'au bois de Zinhaut
situé à 1500 aunes, environ, au sud-ouest de la prédite église,
et paraît se terminer, en ce point, par un second amas superficiel moins considérable que le premier.

98. Je ne connais plus aucun filon ou amas de minérais métalliques à l'est des derniers que je viens de décrire; mais il
existe encore des exploitations considérables de fer hydraté, à
l'ouest du filon de Vedrin. Les plus nombreuses ont été ouvertes dans les bois au sud-est de Rhisne, et ont fait reconnaître
les excavations qui ont été pratiquées, à des époques très-

reculées, pour enlever une grande partie de ce minérai qui s'y trouve déposé, avec de l'argile plastique et de l'argile sablonneuse, en amas superficiels séparés, les uns des autres, par des masses de ces deux sortes d'argile ou même de sables plus ou moins argileux dans lesquelles on ne rencontre que rarement quelques filets métallifères qui puissent guider les mineurs, dans leurs recherches. Tous ces amas dont la forme varie autant que la composition, se trouvent immédiatement au dessous du sol végétal et reposent sur des roches silicéo-calcaires qu'un exploitant a percées en un point, dans l'espoir de trouver, au dessous, un gîte neuf; mais il a été trompé dans son attente.

J'ai appris que l'on avait aussi tiré, anciennement, du minérai de fer jaune dans le bois de Bay situé entre Rhisne et Isne Sauvage, qu'on en a cherché et trouvé, il y a environ 16 ans, à l'est du village du Mazy, mais qu'on ne l'a pas exploité parce qu'il n'était pas, disait-on, de bonne qualité.

99. Un dépôt d'argile plastique analogue à celui que nous avons signalé (91) et à ceux qui seront décrits ci-dessous, d'une manière détaillée, est exploité dans le village de St.-Marc et par conséquent près de la lisière méridionale de la bande calcaire qui vient d'être étudiée.

100. Le système des couches psammitiques et schisteuses qui limite au nord la dernière bande calcaire est caractérisée par la présence du fer oxidé granuleux. Pour en présenter la description de la manière la plus intelligible, il faut partir du point où il est le mieux connu, tant par les mémoires déjà cités de M. Bouesnel que par les rapports des ouvriers qui ont exploité cette mine de fer tendre dont l'usage est presque totalement abandonné, depuis plusieurs années.

Dans la montagne située entre les villages de Vezin et de Houssoy, on connaît cinq couches de fer oxidé granuleux empâté dans le schiste, à 7ᵃ au dessous de la surface, on trouve la première épaisse de 0ᵃ, 45, environ ; à 2ᵃ, 60 au dessous, la seconde épaisse de 0ᵃ, 35 ; à 2ᵃ au dessous, la troisième de 0ᵃ, 25 ; à 1ᵃ, 45 au dessous, la quatrième de 0ᵃ, 25 ; à 2ᵃ, 75 au dessous, la cinquième de plus de 1ᵃ de puissance. De ces cinq couches, il n'y en a que deux, la troisième et la cinquième, qui se prolongent au delà de la montagne, du moins dans la province de Namur, en décrivant, d'abord, l'arc d'un très-grand cercle concentrique, à celui d'un rayon beaucoup plus petit qui a été déterminé (75). Celui que parcourt la mine rouge passe par des points situés près du village de Houssoy, entre Franc-Waret et Ville-en-Waret, au sud du clocher de Marchovelette, entre Cognelée et Daussoux et sous la plaine au sud d'Émine. Elle ne finit pas en ce point, mais y reprend la direction de l'est à l'ouest, comme les bancs calcaires, car elle a été exploitée, à une époque très-reculée, dans un bois situé à l'ouest du village de Rhisne ; il est de notoriété publique qu'elle passe sous le clocher de ce village, et on l'a encore extraite, il n'y a pas long-temps, par une multitude de bures, dans le bois de Ban, entre Rhisne et Isne-Sauvage et jusque dans ce dernier village. Cette dernière ligne droite dont la longueur est de plus d'une lieue, passant par le village du Mazy, on devait présumer que la mine rouge n'en est pas éloignée. Cette opinion est devenue plus vraisemblable pour moi, lorsque j'ai appris que les eaux qu'on y extrait de deux puits qui m'ont été indiqués sont toujours rouges ; enfin un ancien habitant de ce village m'a dit qu'on avait effectivement percé cette mine, en creusant un troisième puits. Je pense aussi que ce

9.

sont les têtes des couches de cette zone siliceuse et ferrifère que l'on a découvertes dans les carrières situées près du point de la route du Point du Jour à Fleurus où elle est traversée par le ruisseau de la Ligne; et près de la ferme de Potriaux bâtie à l'ouest et sur la même direction.

101. Dans la bande calcaire qui succède, vers le nord, à celle que je viens de faire connaître, on remarque les bancs de marbre noir de Golzinne qui, s'il n'offre pas généralement une couleur aussi foncée que celui de Namur et la même résistance à l'action de la gelée et de la chaleur, est, en revanche, exempt des fils et taches de chaux carbonatée laminaire blanche et des clous de jaspe noir si abondans dans ce dernier. Aussi est-il préféré pour tous les ouvrages qui ne doivent être exposés ni à la grande ardeur du feu ni aux injures de l'air.

Trois carrières ont été ouvertes, à de petites distances les unes des autres, sur les bancs de Golzinne. La seule qui soit, maintenant, en activité est située au milieu des deux autres, près du château de son propriétaire, à trois lieues nord-ouest de Namur et à un quart de lieue au nord de la route de Bruxelles à Namur. On y trouve, d'abord, au dessous du sol, sur une épaisseur de 12—15 aunes, un grand nombre de bancs inclinés au midi dont le plus épais n'a pas 0ᵃ, 5o et tellement divisés par des coupes dirigées en tous sens qu'il n'est pas possible d'en extraire des pierres d'un certain volume. Ces motifs paraissent être les seuls qui empêchent de les exploiter, car il y en a, parmi eux, quelques-uns dont le grain est assez fin et la couleur assez intense pour qu'on puisse les convertir en marbre.

Les bancs exploités sont au nombre de quatre dont le premier a $0_a$, 27, le second $0^a$, 22, le troisième $0^a$, 11 et le quatrième $0^a$, 19 de puissance. Viennent, ensuite, des croûtes . calcaires sur une épaisseur de quelques pouces, puis un cinquième banc de marbre noir, de $0^a$ 11 d'épaisseur, puis un sixième dit gros banc de $0^a$, 32. On s'est enfoncé de $2_a$, environ, au dessous de ce dernier; mais on n'a plus trouvé que des couches semblables aux premières que j'ai signalées ci-dessus.

Curieux de déterminer le passage des bancs de Golzinne, au moins, dans un autre point assez éloigné du premier, j'ai suivi la ligne est-ouest tirée par celui-ci, et j'ai trouvé, dans une petite carrière, entre la ferme de Hul-Planche et le Hameau de St.-Martin, tous deux dépendans de la commune d'É-mine, de petits bancs analogues à ceux que je viens de faire connaître et dont plusieurs avaient même une teinte encore plus prononcée. Un échantillon que j'ai remis à un marbrier a pris, entre ses mains, le plus beau poli et la plus belle couleur noire.

102. Cette bande calcaire a encore été percée par plusieurs petites carrières, au nord de Rhisne et au midi de Marchove-lette. J'ai trouvé, dans ces deux localités, de fort beaux madrépores, circonstance que je remarque, ici, parce que cette bande et une autre de même nature qui est la dernière au midi de la province sont peut-être les seules qui en contiennent, du moins en aussi grande quantité.

Du côté de l'ouest, celle dont je m'occupe ici est encore découverte et exploitée dans les carrières voisines du point où la ligne traverse la route du Point du Jour à Fleurus, dans celle de Potriaux et dans une autre plus considérable située entre le hameau de Humerée et la route de Namur à Bruxelles, qui a fourni la plus grande partie des pierres de taille employées à la construction de l'abbaye de Gembloux, mais qui est maintenant remplie d'eau.

Dans les dernières localités que je viens de citer, les couches calcaires sont, comme celles de schiste rouge qui les recouvrent, très-peu inclinées à l'horizon et ne peuvent, dit-on, donner de la chaux par la calcination, particularité dont il me paraît difficile de se rendre compte, puisque je me suis assuré que le calcaire qui les forme est à peu près pur.

103. Au nord de cette dernière bande calcaire, se trouve un terrain de psammites et de schistes que l'on traverse, en enfonçant les puits, dans le hameau de St.-Martin sur Émine; il a encore été reconnu près et au nord du clocher de Marchovelette par des hommes qui, sur la foi de la baguette divinatoire, y ont fait des recherches de houille; il se montre au jour à Cortil-Wodon, et il paraît certain qu'il occupe toute l'étendue comprise entre ces deux derniers villages, car, lorsqu'on remonte la rivière d'Orneau, à partir du Mazy, on commence à rencontrer, au sud du moulin Delvaux, le terrain siliceux que l'on peut, alors, suivre, sans interruption, jusqu'au nord de Gembloux.

104. Dans cette partie occidentale de la province, les schistes présentent tous les caractères ardoisiers, et ont même donné lieu à des travaux de recherches de quelque étendue. Je citerai principalement ceux qui ont été ouverts, il y a 7 à 8

ans, à Chénemont, près de Vichenet, mais que l'on a abandonnés lorsque, parvenu au dessous du niveau de l'Orneau, on
a reconnu qu'il faudrait des dépenses assez considérables pour
épuiser les eaux dont ils sont maintenant inondés. C'est aussi
dans ces environs que des étrangers sont venus, il y a quelques années, charger plusieurs voitures de pierres qu'ils ont
dit devoir faire servir comme pierres à rasoir.

Des recherches analogues à celles que je viens de décrire
ont été faites, au sud et près de la ville de Gembloux, par les
moines de l'abbaye. Non loin de l'ardoisière maintenant rem-
blayée, se trouve une carrière ouverte par laquelle on exploite
des bancs irréguliers d'un quarz compacte dans lequel scintil-
lent quelques grains de pyrite, pour les employer à la confection des pavés de route. Entre ces deux carrières, on remarque les vestiges de quelques bures par lesquels les habitans
les plus âgés du pays assurent que l'on a extrait une substance
combustible. Un ouvrier m'a aussi déclaré avoir percé, autrefois, en enfonçant un puits, sur l'un des versans du vallon de
Longsée, une petite couche de combustible qu'il croit être de
la houille.

Je pense que les recherches d'ardoises présenteraient, dans
cette partie de la province, bien des chances de succès ; car,
si celles qu'on a extraites dans les deux endroits rappelés ci-
dessus offrent des teintes grisâtre et rougeâtre qui ne sont pas
celles qu'on recherche, et n'ont pu être obtenues, jusqu'ici,
qu'avec des dimensions trop petites, du moins il paraît qu'elles peuvent rivaliser, pour la qualité, avec celles que nous tirons
de l'étranger, puisque j'en ai vu qui sont restées sur un toit,

depuis 1762 jusqu'en 1824, et qui, après ces 62 années de service, ne présentaient encore aucune altération notable.

105. Au nord de Gembloux et de Cortil-Wodon, je ne connais plus aucun point où l'on puisse découvrir les couches pierreuses; elles sont recouvertes par une masse d'argile d'une épaisseur considérable, puisque les habitans du pays trouvent l'eau avant d'y avoir rencontré le fond. Je me contenterai donc de rappeler que, sur divers points de cette partie septentrionale de la province, on rencontre, dans des terrains marécageux, une terre verte que l'on emploie, quelquefois, comme couleur grossière.

106. Des masses semblables mais moins épaisses d'argile, de sable et de gravier recouvrent aussi quelques parties des terrains parcourus jusqu'ici. Une nappe bien remarquable de cailloux roulés de quarz hyalin et gras qui a près d'une lieue de large, en certains points, s'étend depuis Houssoy jusqu'à St.-Martin Balâtre. Les fragmens roulés de quarz hyalin de la plus belle transparence que l'on trouve mêlés avec le sol végétal dans la plaine de Fleurus, y ont sans doute été amenés à la même époque. « Ces pierres, dit M. Rozin, dans son Essai sur l'étude de la minéralogie, étaient autrefois très-communes à Bruxelles où les paysans en apportaient des sacs remplis; mais depuis que le gouvernement autrichien avait fait publier une défense de les travailler, pour prévenir l'abus qu'on en pouvait faire, *en les vendant pour des diamans,* cet avis a suffi à quelques bijoutiers étrangers et les plus beaux cailloux de Fleurus ont disparu. »

107. Pour continuer l'examen détaillé des terrains qui cons-

tituent la grande formation calcaire et siliceuse de la province
de Namur, transportons-nous au village de Samson et suivons,
en marchant vers le sud, le grand vallon secondaire à l'embouchure duquel il est situé. Nous ne rencontrerons, jusqu'à
celui de Jausse, c'est-à-dire sur une étendue de près d'une
lieue, que les tranches d'une multitude de bancs calcaires
pendant d'abord au sud, puis au nord, et puis de nouveau au
midi. Cette grande digue, qui a environ une demi-lieue de l'est
à l'ouest, sépare les naissances des deux bassins houillers déjà
mentionnés (48) et qui seront décrits à la fin de cette seconde
partie. Ainsi, à l'exception des bancs calcaires du nord et de
ceux du midi, tous les autres sont probablement cachés par
le terrain houiller ; cependant, il y en a quelques-uns qui dépassent, mais à une hauteur peu considérable, le bassin de
l'est et forment, sur la première partie de son grand axe,
une presqu'île de 1000 aunes, environ, de largeur qui commence entre Thon et Maiseroul et se termine au hameau de
Flisme dépendant de la commune d'Andenne.

Cette presqu'île renferme les gîtes les plus remarquables et
les plus abondans d'argile plastique que l'on exploite pour la
fabrication des faïences et des pipes, et quelques dépôts assez
intéressans de substances métalliques. Décrivons successivement les uns et les autres.

108. M. Bouesnel a fait connaître ( J. des M., t. 31, p. 389
et suiv.) un des gîtes de terre à pipe situés sur la commune
d'Andenne et qui renfermait onze couches différentes déposées
dans l'ordre suivant, en commençant par les plus basses :

1°. Argile jaune ordinaire.

2º. Bois fossile d'une couleur brune, jusqu'à l'état de terre d'Ombre.

3º. Sable jaunâtre terreux.

4º. Gros sable blanc.

5º. Sable fin également quarzeux.

6º. Terre de pipe un peu jaunâtre de seconde qualité.

7º. Terre de pipe blanche de première qualité.

8º. Argile noire tenant du bois fossile.

9º. Argile sablonneuse.

10º. Argile grise bonne pour terre à creusets.

11º. Terrain sablonneux pénétré d'eau.

Il a, de plus, observé que ces couches qui, du côté du sud-est, plongent au nord-ouest, sous un angle d'abord plus grand que 45º, diminuent, ensuite, d'inclinaison, et puis se placent en sens contraire, que les plus élevées ne se retrouvent plus dans les galeries percées horizontalement, à une profondeur suffisante, et que c'est dans le milieu du gîte qu'elles ont la plus grande épaisseur et qu'on les travaille le plus profondément. Il a conclu de toutes ces circonstances que ces couches composent un bassin situé dans une dépression ou cavité formée au milieu des couches calcaires.

M. Bouesnel fait encore remarquer que ces couches ne conservent pas, partout, la même épaisseur et que plusieurs d'entre elles manquent même entièrement en certains points. Cette dernière observation nous met à même d'expliquer ce que j'ai vu dans un des gîtes les plus intéressans que j'aie visités, près de Bonneville (commune de Sclayn). Du fond de la fosse profonde de 25 aunes, on avait percé, vers le nord, un bouveau par lequel on a recoupé :

1°. 7ᵃ de sable.

2°. 4ₐ d'une argile plastique très-grasse qui ne convient ni à la fabrication des pipes ni même à celle de la poterie et qui est connue, dans le pays, sous le nom de *deigne*.

3°. 2ᵃ de bonne terre à pipe.

(Ces trois premières couches pendaient au nord).

4°. 4ᵃ de terre à pipe noire..

5°. 0ᵃ,5 de bonne terre à pipe.

6°. 0ᵃ,5 de deigne.

(Ces deux dernières couches pendaient au sud.)

7°. 1ᵃ de bonne terre à pipe en couche à peu près verticale.

8°. 6ᵃ de deigne.

9°. Le sable.

Pour expliquer ces diverses circonstances, il faut admettre que le bouveau au niveau de 25 aunes a percé la terre noire au point où deux couches de cette matière se réunissent pour former un fond de bac et que les quatre couches alternatives de bonne terre et de deigne qu'il a traversées, à son extrémité nord, correspondent aux deux couches de ces deux substances rencontrées après les sables qui se sont également représentés à l'autre extrémité. Le croquis ci-joint aidera à comprendre ce que ceci peut encore avoir d'obscur.

Il résulte donc des deux exemples précités que l'argile plas-

tique, le sable et le lignite, tantôt purs, tantôt mélangés ensemble, en toutes proportions, sont déposés en couches alternatives ayant, ordinairement, dans le même gîte, des inclinaisons opposées, mais qui ne se succèdent pas toujours dans un
ordre correspondant, des deux côtés des grands axes des bassins qu'elles forment, comme la plupart des couches de houille.
Il me reste à montrer que ces dépôts d'argile, de sable et de
lignite n'ont communément ni l'étendue ni la forme allongée
des bassins houillers.

Il est, d'abord, bien connu des ouvriers que les fosses qu'ils
enfoncent sur divers points du terrain dont il s'agit ici, per-
cent des couches totalement différentes par leurs propriétés,
leurs épaisseurs et leurs allures; mais il est un autre fait plus
concluant : il existe, à la surface de ce terrain, un grand
nombre d'excavations en forme d'entonnoirs produites par des
extractions plus ou moins anciennes; entre plusieurs d'entre
elles, on a percé de nouveaux bures de recherches; mais on
n'y a jamais rencontré, au lieu des couches exploitées de part
et d'autre, que des masses présentant à peine quelques indices
de stratification d'argile plastique sablonneuse et de sable. Il
paraît donc que l'on doit admettre que ces dépôts ont la forme
de cuves ou de chaudières d'une étendue assez limitée, disséminées dans des vallées avec la forme desquelles elles n'ont aucune relation. Ils forment deux grandes séries que je vais parcourir :

Les premières fosses d'exploitation sont situées entre le château de Bonneville et la ferme de Vaudaigle. A l'est de ce
point de départ, elles sont placées sur deux lignes à peu près
parallèles.

Celle du nord longe le chemin de Bonneville à Andenne, en passant près de la ferme de Cléchène située dans cette vallée que forme le versant nord de la montagne calcaire avec le versant sud de celle qui contient le terrain houiller, puis entre dans une autre vallée limitée au nord et au sud par le calcaire, et se prolonge, ainsi, jusqu'à la montagne du Calvaire qui s'élève à l'est et tout près de la ville d'Andenne et qui est entièrement formée par le terrain houiller ; mais il ne paraît pas qu'elle y pénètre.

La ligne de fosses du midi, après avoir couru, quelque temps, dans la plaine à l'est de Bonneville, passe entre le hameau de Groynne et la ferme de Vaudaigle, au midi de la crête calcaire qui commence à se montrer à l'est de cette ferme, suit le ruisseau des Chavées qui coule, d'abord, dans la vallée, formée par le versant sud de la montagne calcaire et le versant nord de celle qui contient le terrain houiller du midi, puis continue sa route, par le hameau dit sur la Reppe, par le lieu dit Potalle situé près de la route du Condros et finit vers le moulin dit Gobert-Moulin construit sur le ruisseau d'Andenelle, à 500 aunes au midi de la route de Namur à Huy. Cette seconde ligne a donc, à peu près une lieue de long.

109. Le plus important des gîtes métallifères contenus dans cette grande presqu'île calcaire est un filon situé à son extrémité orientale, dans la montagne à l'est du ruisseau d'Andenelle, et qui a déjà été décrit par M. Bouesnel ( J. des M., t. 29, p. 218 — 219. ) On a cherché à l'assécher par une galerie d'écoulement prise au prédit ruisseau, en aval du moulin de Gobert-Moulin, et dirigée du nord au sud. On a traversé, d'abord, des terres jaunes plombifères, renfermant des débris

quelquefois assez volumineux de roches calcaires et siliceuses, noircies, çà et là, par des mélanges pyriteux et interrompues en un point, par un amas de sable qui s'étendait jusqu'au jour. On a poussé les recherches à droite, à gauche, et au dessus de cette galerie, sans pouvoir rencontrer les limites de ce dépôt superficiel; mais, à peine, eut-on pénétré dans le bois de Thiarmont qu'on entra dans le filon presqu'entièrement rempli, sur une longueur de plus de 100 aunes, par une masse de chaux carbonatée laminaire de 1ᵃ, environ, d'épaisseur, mouchetée de galène et de pyrite, que traversait, cependant, toujours, un filet de terre jaune plombifère.

A 100 aunes, plus ou moins, au midi du point où l'on a abandonné l'arène, on voit, à la surface, des excavations considérables, dues à des travaux très-anciens par lesquels on a exploité, dit-on, des masses énormes de minérai de plomb que l'on traitait dans l'usine située au pied de la montagne, sur le ruisseau d'Andenelle, au lieu dit Moulin Trousset. On trouve encore, dans les pierres disséminées sur le sol, quelques traces de galène, mais on y rencontre une bien plus grande quantité de calamine pénétrée d'oxide de fer.

Au sud, et à peu de distance de ce point, commence le terrain houiller du midi. A l'ouest, on aperçoit la fosse par laquelle on dit avoir trouvé, il y a quelques années, un gîte calaminaire, et la butte calcaire située à l'est d'Andenne au sud et près de laquelle on assure que l'on a exploité, à une époque plus reculée, une grande quantité de ce minérai de zinc. Enfin, en descendant, un jour, à Andenne, par le chemin venant de Bonneville, je remarquai, dans une fente des rochers calcaires qui le bordent, une argile jaune au milieu de laquelle

étincelaient quelques lamelles de galène. Un peu plus bas, je
trouvai les déblais d'une ancienne fosse que les habitans me
dirent avoir servi à l'extraction du minérai de plomb. Tous
les points que je viens de citer étant situés, à peu près en ligne
droite, on peut considérer les fouilles qui y ont été pratiquées
comme les indices d'un gîte métallifère fort étendu, du moins
en longueur, qui se dirigerait de l'est à l'ouest, en passant au
sud et près de la ville d'Andenne, et viendrait couper le premier filon décrit en ce point très-voisin de la limite sud de
la presqu'île calcaire où l'on a trouvé la plus grande quantité
des deux minérais qu'il renferme.

Enfin, pour n'omettre, dans cette géographie minéralogique de la province de Namur, aucun des faits tant soit peu
importans qui sont parvenus à ma connaissance, je dirai encore qu'on a exploité des gîtes très-considérables de minérai
de fer jaune, dans les bois à l'ouest du village de Samson; mais
il est presqu'impossible aujourd'hui d'en assigner la forme,
parce que toutes les excavations anciennes sont remplies et
que les portions de mine échappées aux recherches de nos devanciers ne peuvent plus être l'objet d'un travail suivi. Je ne
suis même pas certain s'ils doivent être rapportés à la digue
calcaire de Samson ou à la grande bande calcaire de la Meuse.

110. La première bande calcaire au sud des bassins houillers s'étend à l'ouest et à l'est du grand vallon qui débouche
dans celui de la Meuse, au village de Samson; mais sa direction change, d'une manière très-sensible, de sorte que celui-ci
est le sommet de l'angle que font les deux lignes qui peuvent
la représenter et que je vais déterminer par le plus grand
nombre de points possible.

La limite nord de la partie de cette zone qui va vers l'ouest passe : ·

1º. Au nord du village de Mozet;

2º. Entre celui de Limoy et la ferme de Basseille, au point de jonction du chemin allant à cette ferme avec celui qui joint les villages de Mozet et de Jausse;

3º. Par un point de la grande route de Namur à Marche situé entre la ferme dite la Perche d'Andoy et le débouché du chemin venant de Mozet;

4º. Un peu au sud de la ferme du Trieu de Dave, sur la rive droite de la Meuse;

5º. A la ferme de la Pairelle indiquée, sur la carte, par le mot *barrière*, sur la rive opposée;

6º. A l'abbaye de Malonne ;

7º. Un peu au midi de celle de Floreffe;

8º. Aux roches de St.-Pierre situées entre ce dernier village et le hameau de Trémouroux;

9º. Un peu au midi de la ferme Hanusse située au sud-est de Falisolle.

Cette directrice fait, avec un parallèle à l'équateur, un angle d'environ 10º.

A l'est du ravin de Samson, la lisière septentrionale de notre première bande calcaire, placée au midi des bassins houillers passe au nord de Maizeroul, de Haltinne, de Froide-Bise et de Huy ( province de Liége ). Ainsi sa direction biaise plus fort vers le nord que la précédente et s'établit parallèlement aux grands axes des vallées longitudinales que nous avons remarquées (4) de ce côté de la Meuse.

111. Cette zone calcaire renferme encore beaucoup d'argile plastique, que les coupures naturelles du terrain, les exploitations auxquelles elle donne lieu et celles que la tradition peut encore nous indiquer ont fait connaître sur une très-longue ligne, passant près d'Andoy, à un quart de lieue au midi de Mozet, à Maizeroul , à Strud, à Haltinne, à Froide-Bise et à Grosse. Elle n'est plus exploitée que dans la grande vallée située entre Maizeroul et Strud. Dans l'une des fosses qui y ont été enfoncées, à la profondeur de 20 aunes, on a , par une galerie vers le sud, recoupé les pieds de trois veines pendant au midi : la première d'un blanc éclatant et argenté, la seconde noire, mais blanchissant au feu et la troisième blanc terne.

Un autre gîte de la même substance que l'on ne peut guère rapporter aux précédens est exploité au nord du clocher de Mozet.

112. Au sud de la bande calcaire formant la limite méridionale des bassins houillers, se trouve un petit système de couches psammitiques qui est connu au midi de Malonne et à Jausse (sur le ruisseau de Samson.)

113. Au nord et au midi de ce ruban siliceux existent deux amas couchés de fer hydraté dont le premier a fait, il y a une vingtaine d'années, l'objet d'exploitations considérables, à Notre-Dame-au-Bois, maison située dans la forêt de Marlagne; tous deux sont connus ou exploités dans les campagnes de Mozet, dans les bois de Maizeroul et à Froide-Bise. L'argile

11

plastique y est constamment associée au minérai métallique et le recouvre même, en plusieurs des points précités, avec une épaisseur assez considérable.

114. Vient, ensuite, une autre bande calcaire qui, dans la vallée de la Meuse, finit au nord de Dave et au midi du fourneau de Wépion, en présentant les caractères particuliers que donne aux roches dont elle est composée le mélange de silice, à mesure qu'elle approche de cette limite méridionale où commence une nouvelle bande de psammites et de schistes.

115. Cette nouvelle bande siliceuse est caractérisée par la présence du fer oxidé rouge granuleux dont elle renferme trois couches : la première ou celle du dessous qui était la plus estimée a o$^a$, 30 de puissance, et est recouverte d'un banc de schiste de o$^a$, 45 d'épaisseur. La seconde épaisse de o$^a$, 22 n'est séparée de la troisième épaisse de o$^a$, 30 que par o$^a$, 03 de schiste. On les a exploitées à St.-Léonard (commune de Marchin), à Sart-à-Ben, au champ de Boussale, à Nalamont, au nord et près du château de Haltinne, sur la commune de Strud, près du château de Faux (sur le ruisseau de Samson), dans les bois d'Arville, au nord de Naninne et de Dave, près de Wépion et à un quart de lieue au midi de Malonne.

116. Il m'est impossible de dire si un troisième amas, couché et même exploité dans les bois au nord de Dave, est placé entre la bande siliceuse (115) et la bande calcaire (117) ou s'il dépend de quelque ruban siliceux intercalé dans celle-ci.

117. A ce système de couches psammitiques, schisteuses et ferrifères succède une zone calcaire que l'on voit au jour au midi du fourneau de Jausse, au village de Naninne, au nord

de celui de Dave, à moitié chemin de Wépion à Foolz et au nord de Fosse où l'on exploite, dans deux carrières, quelques bancs qui fournissent un marbre à fond granité parsemé, d'une manière régulière, de grandes coquilles blanches.

118. Le passage de cette bande calcaire à la bande siliceuse qui vient immédiatement au midi, est encore signalé par la présence d'un amas couché de fer hydraté, que l'on a suivi dans des chasses d'une grande longueur, près des étangs du moulin du Tronquoy (route de Namur à Marche), près du hameau des Tombes (ruisseau de Samson) et dans la forêt de Marlagne.

119. La bande siliceuse à laquelle nous sommes parvenus est une des plus larges de la province, puisqu'elle occupe une étendue de plus d'une demi-lieue du nord au sud. On la connaît depuis Fosse jusqu'à Ban-le-Bois, depuis Dave jusqu'au fourneau de Tail-Fer, et depuis le hameau des Tombes jusqu'au haut du bois de Gesve. Les schistes, les psammites et les poudingues à noyaux assez volumineux dont elle se compose présentent quelques particularités remarquables.

Au village du Roux, ces schistes sont d'un gris très-foncé et les faces de leurs feuillets désunis offrent cette espèce de vernis noir, luisant et doux au toucher qui caractérise les schistes voisins des couches de houille; cependant on n'a encore rencontré aucun indice de ce combustible dans les puits creusés pour se procurer de l'eau.

A Vitrival, on a exploité, il y a 80 ans, par une fosse qui, s'il faut en croire les gens du pays, avait plus de 150 aunes de profondeur, quelques bancs schisteux dont on a essayé de

11.

faire des ardoises. Une partie encore existante du toit de l'église de Fosse en est, dit-on, recouverte.

On a fait, plus récemment, au sud et près de cette dernière ville, des recherches analogues que l'on poursuivait encore, il y a 25 ans; mais les ardoises qu'on y a obtenues sont très-épaisses, d'un gris verdâtre sale, et l'on s'est assuré, par l'essai qui en a été fait, pour couvrir la ferme du Roi, à Éghézée, qu'elles ne tardaient pas à s'effeuiller par l'action successive de la pluie, de la chaleur et du froid; aussi les a-t-on enlevées, après un très-petit nombre d'années. On voit encore, à Fosse, une maison couverte avec ces ardoises dont l'exfoliation se re-marque même de la rue.

Dans les bois de la Basse-Marlagne, dans ceux de Dosse (route de Namur à Marche) et à Sart-Bernard qui n'en est pas éloi-gné, on exploite quelques couches de psammites pour en faire des pavés de route. Les schistes que l'on rencontre aussi dans ces deux dernières localités présentent les mêmes caractères que ceux du Roux.

A l'endroit nommé les Forges dépendant de la commune de Gesve, on fait, depuis environ 35 ans, avec des bancs de pou-dingues à grains moyens, des meules de moulin qui, malgré leur bonne qualité et leur bas prix, étaient peu recherchées, parce qu'elles n'étaient pas suffisamment connues. A présent, elles soutiennent avantageusement la concurrence avec celles de France. Elles ont le même poids, mais une épaisseur moin-dre dans le rapport de 2 : 3, sont, comme la plupart de celles-ci, composées de plusieurs pièces réunies par des bandages de fer, mais doivent être piquées de diverses manières, suivant les différens usages auxquels elles sont destinées.

120. Le passage de cette grande bande à celle qui lui succède au midi est encore signalé par la présence d'un amas couché de fer hydraté. On ne l'a guère exploité que dans les fonds
du bois d'Arche, au lieu dit *Bocame* ou *Bocard*, mais on le
connait aussi près du fourneau de Tail-Fer situé à l'embouchure
du grand fond de Tustin dans la vallée de la Meuse et aux ha-
meaux dits les fonds de Lesve et Ban-le-Bois (entre Sambre et
Meuse).

121. La bande calcaire qui vient après cet amas couché est
remarquable par le minérai de fer rouge répandu, suivant quelques mineurs, sous forme d'amas qu'ils nomment *Goffiés*, entre les bancs calcaires qui la composent, ou plutôt disposé, ainsi
que d'autres l'assurent, en couche fort épaisse ayant pour mur
le calcaire et pour toit quelques couches de schiste recouvertes
par le calcaire. On a exploité ce minérai depuis Lustin jusqu'à Tail-Fer et dans le fond situé vis-à-vis de ce dernier endroit, sur la rive gauche de la Meuse.

Aux fonds de Lesve où passe cette zone, on remarque un
petit ruisseau qui, après un cours très-limité pendant lequel
il a fait marcher deux usines, s'engloutit et ne reparaît plus.

On voit aussi, près de ce dernier endroit, une assez belle
carrière ouverte sur les têtes de onze bancs, pour l'exploitation de diverses espèces de marbres qui, tous, présentent des
taches anguleuses ou arrondies d'un bleu plus ou moins foncé
sur un fond d'une nuance plus pâle. On distingue parmi eux,
le lilas moucheté de blanc, le florence, la brèche, etc.

122. La petite zone composée de bancs de schistes et de psammites qui succède à la précédente est bien connue par l'exploi-

tation qui y est ouverte, sur la commune de Lustin, pour en extraire des pavés. On doit y rapporter la petite veine d'anthracite ou terre-houille que j'ai vu exploiter au sud du village de Gesve.

Du fond d'un bure profond de 27 aunes, on a poursuivi, vers l'ouest, sur une longueur de plus de 40 aunes, cette veine dont l'épaisseur n'a jamais été que de quelques pouces; mais on lui a reconnu une puissance $0^a$, 50 en plusieurs points de sa direction vers le levant. Elle est presque droite, et son mur est quelquefois recouvert d'une petite couche d'argile plastique imprégnée du même combustible.

Je présume que c'est le même terrain qui passe à Sorinne-la-Longue où des recherches analogues ont été faites, autrefois, avec aussi peu de succès.

123. Vient ensuite, vis-à-vis de Profondeville, une bande calcaire formant la montagne qui paraît barrer la Meuse, lorsqu'on va de Namur à Dinant. Deux carrières contiguës sont ouvertes dans cette montagne; on y exploite de beaux bancs de pierres de taille et un de 1 aune d'épaisseur qui, lorsqu'il est poli, offre un des plus beaux Marbres gris, à fleurages plus foncés, de la province.

Cette bande est probablement celle que l'on trouve à Corioule (route de Namur à Marche) et au midi du village de Lesve.

124. Entre cette bande calcaire et la bande siliceuse qui vient immédiatement au midi, est un amas de fer hydraté pendant au sud et passant à Ache (rive droite de la Meuse), à Maison et près des étangs situés au midi de Fosse.

125. Après la dernière zone calcaire décrite, viennent les psammites et puis les poudingues de Burnot dont on aperçoit toutes les tranches à découvert le long du flanc parrallèle au cours de la Meuse de la montagne située au nord du ruisseau du même nom. On les connaît à l'est, entre Lesve et St.-Gérard; à l'ouest, entre Corioule et Assesse (route de Namur à Marche.)

Les poudingues de cette bande sont quelquefois employés à la construction des ouvrages de hauts fourneaux.

126. A la limite sud des psammites et des poudingues que nous venons de traverser, se trouve un amas couché de fer hydraté pendant au sud, que l'on sait passer près du village d'Avoy, et que je suppose être celui qui a fait, à une époque très-reculée, l'objet d'exploitations considérables, au hameau de Nuwechamps situé au nord de Brisme, où l'on s'y est enfoncé jusqu'au niveau naturel des eaux.

127. Bande calcaire qui n'a que quelques centaines d'aunes de large et dont je ne puis certifier l'existence que dans la vallée de la Meuse.

128. Bande schisteuse aussi étroite que la précédente et qui n'est également bien connue que dans la vallée de la Meuse.

129. Amas couché de fer hydraté connu près du hameau de Frappecul et près du château d'Estroy (rive droite de la Meuse) et que je suppose être celui qui passe entre Haute-Bise et Mont-Gerlain et au nord de Brisme (entre Sambre-et-Meuse.)

130. Bande calcaire commençant au midi du ruisseau de

Burnot, sur la rive gauche de la Meuse, et se terminant, sur sa rive droite au hameau dit Mont-de-Godinne.

Je présume que c'est sur quelques-uns de ses bancs qu'est ouverte une carrière maintenant abandonnée, au nord de St.-Gérard, où l'on a exploité un marbre dont le fond ponctué ou sablé présente diverses nuances relevées par de grandes veines grisâtres.

A l'est de la Meuse, on la retrouve au château de Wavremont (route de Namur à Marche), au village de Florée et sous ceux d'Hévelette et de Vile, (province de Liége.)

131. Amas couché de fer hydraté bien connu et même exploité, sur une grande longueur, à Mont-de-Godinne où il a, quelquefois jusqu'à 2 aunes de puissance et que je crois être celui qui passe dans la montagne au nord et tout près de Rouillon, au midi des bois de la Marlière situés au nord d'Annevoie, à St.-Gérard : et depuis Biesme jusqu'à Fromicé. Il est le premier de tous ceux examinés jusqu'ici qui ait sa pente au nord.

132. Grande bande de schistes, de psammites et de poudingues fortement colorée en rouge dont la limite méridionale passe, dans la vallée de la Meuse, au débouché du ruisseau d'Annevoie et au grand crucifix de Godinne.

133. Amas couché de fer hydraté pendant au midi, qui a fait l'objet d'exploitations assez considérables, depuis le grand crucifix de Godinne jusque dans les bois de Venatte. On lui a reconnu une épaisseur de près de 4 aunes, dans plusieurs points situés entre ceux que je viens d'indiquer. Ce gîte est

aussi, selon moi, le même qu'on connaît à Bossière, à Prée et
au sud d'Immicé.

134. Avant de poursuivre l'examen de ces systèmes de couches qui traversent la province de Namur, arrêtons-nous, un
instant, au petit vallon qui débouche dans celui de la Meuse,
près du village de Rouillon. Nous y verrons, depuis ce point
d'intersection jusqu'au château de M. de Montpellier, une
masse volumineuse de tuf calcaire qui s'étend avec une largeur de 3o — 4o aunes, des deux côtés du fond du ravin. Il
paraît, d'après les rapports que m'ont faits plusieurs habitans,
qu'à une certaine profondeur, il perd sa dureté et finit même
par n'être plus qu'une vase marécageuse et mouvante. J'ai pu
m'assurer qu'il se forme encore journellement à toutes les
chutes du ruisseau.

135. La bande calcaire qui commence au ruisseau d'Annevoie s'étend jusques près du château de Hun. On la trouve,
dans l'Entre-Sambre-et-Meuse, à Graux, à Mettet et à Hansinne. A l'est, on la connaît à Crupet et à Lez-Fontaine, (route
de Namur à Marche). C'est dans cette dernière localité qu'on
a rencontré les évomphalus les mieux caractérisés.

136. On a découvert récemment, au sud et près du village de
Mettet, un dépôt de minérai de fer jaune sur lequel on a établi
plusieurs exploitations; mais il ne me paraît pas encore possible d'assigner sa forme. Si c'est un amas couché, il se trouvera
probablement au passage de la bande calcaire qui vient d'être
décrite avec la bande silicuse qui la suit au midi, et sera, sans
doute, le prolongement de celui que l'on dit être connu près
d'Hansinne. Je ne sache pas qu'on ait découvert aucune trace
de son passage dans la vallée de la Meuse.

137. La bande siliceuse qui commence près du château de Hun est également connue sur la rive opposée de la Meuse où elle se termine au fond des fossés, vallon secondaire situé au nord d'Yvoir.

138. Si l'amas couché de fer hydraté que l'on exploite près de la ferme de Bivernelle, n'est pas le dernier décrit ou le premier de ceux qui le seront ci-dessous, circonstance qu'il m'a été impossible, jusqu'ici, de vérifier, il faudra admettre qu'il est placé entre la dernière bande de schiste dont je viens de parler et la bande calcaire qui la suit au midi et qu'il n'est pas plus connu que le précédent, dans la vallée de la Meuse.

139. La bande calcaire à laquelle je suis parvenu occupe, dans la vallée de la Meuse, le fond et les deux versans du vallon dans lequel est construit le village d'Yvoir et me paraît être celle qui passe au midi de Natoye (route de Namur à Marche) et au nord de Denée (Entre-Sambre-et-Meuse). Elle présente, dans cette dernière localité, une multitude de petits bancs d'un noir intense dont l'épaisseur, souvent moindre que $0^a$, $03$, s'élève rarement à $0^a$, $10$. Comme ils sont éminemment propres à la confection des carreaux noirs que l'on assortit avec les blancs grisâtres dont l'exploitation principale est à Samson (78), on a ouvert, au sud et près du village de Denée, un grand nombre de carrières qui s'étendent, sur la longueur d'un quart de lieue, de l'est à l'ouest, et montrent à découvert plusieurs groupes de ces petits bancs. Le plus remarquable que j'aie vu, dans celle qui est le plus à l'ouest, a bien 10 aunes de puissance. On y trouve aussi quelques parties de bancs un peu plus épais propres à fournir un marbre noir assez beau.

On peut se convaincre, en visitant ces carrières, d'un fait déjà rappelé et qui consiste en ce que les bancs calcaires se réunissent quelquefois les uns aux autres, avec une grande solidité, et je répète ici cette observation, afin d'expliquer comment il se fait qu'on ne retrouve plus les petits bancs calcaires de Denée à des distances un peu considérables, sur leur direction. Cependant, on les reconnait encore au nord de Furnaux, c'est-à-dire à trois quarts de lieue à l'ouest; mais ce ne sont pas eux, comme le pensent les ouvriers carriers, qui passent à Salet et que l'on rencontre aussi dans le chemin de Salet à Maharenne et au nord de Maredsoux.

140. Car il existe, entre les deux bandes calcaires qui les renferment, un ruban de roches siliceuses bien connu, au sud du Village d'Yvoir, et que je crois être celui qui constitue la montagne de Natoye.

141. De chaque côté de ce ruban siliceux se trouve un amas couché de minérai de fer jaune; mais il est à remarquer que le premier pend au nord et le second au midi. On les connait encore, dans l'Entre-Sambre-et-Meuse, entre Denée et Salet, à Oret et au sud d'Hansinelle, par les petites exploitations que l'on y a établies, sur l'un ou sur l'autre, à différentes époques.

C'est, sans doute, aussi, l'un ou l'autre qui passe entre Ossogne et Havelange où l'on a découvert la mine par deux forages assez éloignés l'un de l'autre et situés à peu près sur la direction que j'ai établie, pour toutes les couches, de ce côté, et où l'on déterre, par le labour, beaucoup de prétendues pierres qui ne sont autre chose que de la mine de fer assez riche.

142. La grande bande calcaire qui commence au midi d'Yvoir

12.

et s'étend jusques près de la ferme de Champal est connue depuis Natoye jusqu'au château d'Emblinne (route de Namur à Marche), d'où elle se rend à Borminville et à Havelange. L'opinion des ouvriers carriers confirme encore l'identité des bancs calcaires connus dans ces deux derniers endroits.

Sur la rive gauche de la Meuse, on les trouve, comme je l'ai dit ci dessus, au sud de Denée, à Biesmerée, depuis les amas couchés au sud d'Hansinelle jusqu'à Donveau, et depuis Somzée jusqu'à Laneffe. Il paraît donc que, vers la limite occidentale de la province, les couches minérales font un nouvel angle très-sensible dont l'ouverture est en sens opposé de celui que nous avons signalé à partir du ruisseau de Samson; mais il n'est pas possible de le constater aussi rigoureusement que le premier, parce que le terrain ne présente pas, de ce côté, d'arrachemens naturels d'une certaine étendue et dirigés du nord au midi.

143. La petite bande schisteuse dont la ferme de Champal occupe à peu près le centre et qui, d'une part, passe au nord du village de Spontin, et, de l'autre, s'étend depuis Donvaux jusqu'à Morialmé et depuis Laneffe jusque près de Fraire, a donné lieu à des recherches assez étendues de la part de quelques sociétaires des mines d'Anzin qui étaient, dit-on, dans la persuasion qu'ils y rencontreraient le prolongement de leurs couches de houille. Ils les ont commencées en 1786 et continuées jusqu'au 25 janvier 1790. Une galerie horizontale prise au pied de la montagne, près de la ferme de Champal, n'a fait connaître aucun indice de combustible, quoiqu'elle ait été conduite, dans la montagne, sur une longueur de plus de 100 aunes.

144. La bande calcaire de Houx qui forme les rochers escar-
pés au sommet desquels était bâti le vieux château fort de
Poilvache, sur la rive droite de la Meuse, se signale, d'abord,
par les grands mouvemens que présentent les couches qu'elle
montre à découvert, à cet endroit. Nulle part, je pense, on ne
rencontre de preuves plus sensibles des convulsions violentes
qui ont placé les couches pierreuses dans les positions où nous
les voyons aujourd'hui. On en distingue aussi, entre deux d'entre elles, une de 0ª, 15, environ, d'épaisseur, composée d'une
substance noire et friable, brûlant aussi facilement que nos
terres-houilles, mais dans laquelle on n'a jamais fait de recherches suivies.

Cette bande calcaire qui, d'après le système suivi jusqu'ici,
doit être celle qui passe au midi de Spontin donne lieu, dans
cette dernière commune, à des exploitations assez remarquables. Deux carrières qui y sont ouvertes fournissent au commerce, outre de fort belles pierres de taille, un marbre qui,
dans les morceaux que j'en ai vus polis, présente des rubans
de granite parfaitement semblable à celui de Ligny.

Cette même bande est probablement aussi celle que l'on
traverse, sur la route de Namur à Marche, avant d'arriver à
Emptinne, et depuis ce village jusqu'un peu au delà du château
de Fontaine situé à l'embranchement de la prédite route avec
celle de Dinant à Liége; mais elle y est entremêlée de rubans
schisteux.

On a aussi exploité, à Fraire que je suppose être placé sur
la bande qui nous occupe, un granite à taches plus blanches
que celles de Ligny.

145. L'église de Senenne est située au centre de la bande siliceuse qui vient au midi de celle dont je me suis occupé en dernier lieu. Les sociétaires d'Anzin ont aussi percé, à l'époque indiquée ci-dessus, pour y rechercher des couches de houille, un grand nombre de celles qui constituent cette bande, par une arène d'une centaine d'aunes prise au pied de la colline sur laquelle est bâtie l'église. Ils ont aussi enfoncé, près de cet édifice, un bure qui a, dit-on, atteint une profondeur de 85 aunes, un second de 26 aunes, près du bois de Moulin, et un troisième de 35 aunes au midi des précédens. Tous ces travaux n'ont amené aucun résultat.

Des essais analogues, quoique moins étendus, ont été également sans succès, sur la rive opposée de la Meuse, au midi du village de Houx, où les mêmes couches schisteuses se montrent au jour, tandis qu'à Senenne elles n'ont pu être reconnues que par les recherches prérappelées.

Il peut être intéressant de remarquer ici, que cette bande schisteuse est, selon nous, celle qui passe entre Bois et Borsu (province de Liége), où l'on a exploité, pendant quelque temps, des couches de terre-houille que l'on dit constituer un petit bassin particulier.

146. Un bure de recherches a aussi été enfoncé par les explorateurs que j'ai indiqués ci-dessus, un peu au midi de la limite méridionale de la zone schisteuse qui précède. Il a, dit-on, recoupé, à la profondeur de 18 aunes, une masse de combustible que l'on enleva, en laissant intact un petit filet qui devait servir à retrouver la suite de ce gîte placé, comme on voit, entre des couches calcaires.

Ces couches sont à la limite septentrionale de la plus large zone que forme le terrain calcaire, dans la province de Namur. Elle s'étend, sans interruption, dans la vallée de la Meuse, à plus de trois quarts de lieue au nord et d'un quart de lieue au sud de la ville de Dinant, mais elle se rétrécit beaucoup vers l'ouest, et surtout vers l'est, car, à Florenne, elle n'a guère plus d'une demi-lieue de large, sa limite septentrionale passant au nord de ce bourg, et sa limite méridionale au hameau de Chaumont; et, à partir de Ciney elle présente une largeur bien moindre encore, si c'est elle, comme je le pense, qui se montre au hameau de Monain, au village de Mohiville, entre Porcheresse et Barvaux, entre Maffe et Bonsin. Il faut même admettre que, de l'un et de l'autre côté, mais surtout vers l'est, elle est partagée en plusieurs parties, par quelques rubans schisteux. Tels sont ceux qui passent au hameau de Loyers situé au N. N. E. de Dinant, à celui de Monain, etc.

Je vais signaler, successivement, ceux de ses bancs qui présentent quelqu'intérêt sous le rapport de la science et sous celui de l'économie industrielle.

Je remarquerai, d'abord, ceux qui ont été exploités par trois carrières, au sommet d'une montagne fort élevée située à une demi-lieue au nord de l'abbaye de Leffe et sur la même rive. Ils fournissent un marbre dans lequel dominent le gris bleuâtre et le blanc, mais qui contient aussi des taches d'un rouge très-vif. Comme il est devenu fort rare, on en a recherché les petits échantillons les mieux nuancés, et on les a débités sous le nom de *brocatelle*. J'ai aussi trouvé, dans le fond de Leffe, d'après les indications de M. d'Omalius, des bancs calcaires tachés de rouge, mais qui ne sont plus exploités.

Je dirai, ensuite, quelques mots sur les nombreux petits bancs calcaires noirs exploités principalement sur les communes de Bouvigne et de Dinant.

A un quart de lieue au nord de Bouvigne, deux longues suites de carrières ouvertes sur la rive droite de la Meuse indiquent la marche des deux premiers systèmes que l'on croit être ceux qui sont également exploités entre Lisogne et Thyne.

Au sud de Bouvigne, et toujours sur la rive droite de la Meuse, deux autres séries de carrières dont l'une longe le fond de Leffe et l'autre la nouvelle route de Dinant à Ciney tracent aussi, sur le sol, le passage des deux autres groupes de petits bancs.

147. On a exploité, à Bouvigne, quelques bancs de marbre noir assez distingué; mais les carrières les plus remarquables, par la qualité et la quantité qu'elles en ont fourni, sont les suivantes :

En sortant de Dinant, par la porte de France, on trouve, à gauche, une rampe au haut de laquelle existent, des deux côtés du chemin, deux grandes carrières maintenant abandonnées où l'on a extrait beaucoup de marbre noir.

Entre Dinant et Anseremme, on rencontre, sur la route de Givet, la grande et belle carrière dite de St.-Paul, du nom de l'église bâtie au pied de la montagne. La plupart des bancs, inclinés au midi sous un angle de 45° environ, qui y ont été recoupés, peuvent fournir du marbre noir; mais ils sont presque tous tachés, lignés ou veinés de blanc, excepté celui *du prince* qui n'a que o$^a$, 3o de puissance. Après avoir été abandonnée, pendant une quarantaine d'années, cette carrière a été

reprise, il y a environ 5 ans, puis délaissée de nouveau, en
1821, à cause des difficultés de l'exploitation.

Entre Dinant et Sorinne on extrait le marbre dit de Chenoy.
Il y en a de deux sortes : l'un d'un gris cendré fouetté de blanc,
avec de petites taches noires, et l'autre qui ne diffère du précédent que par sa teinte rougeâtre.

On a découvert récemment, près du hameau de Monain que
je crois être placé sur la bande qui nous occupe, un marbre
noir assez beau.

148. On a fait, près de Florenne, dans un de ces rubans
schisteux dont j'ai parlé ci-dessus, quelques recherches de
houille dont je dois rendre compte : elles ont eu lieu à cinq
époques différentes.

Les premières commencées, il y a 45 ans, consistent dans
l'enfoncement d'un bure, à un quart de lieue au sud de Florenne, près de la lisière occidentale du bois dit des Houillères.
On y trouve, dit-on, du combustible, mais on ne sait pas à
quelle profondeur.

Les secondes datent de 20 ans, environ. On voit encore les
traces de quatre bures situés sur une même ligne de 200 aunes de long dirigée du nord au sud et passant à 20 aunes à
l'ouest du premier bure ci-dessus. Celui du nord qui a été enfoncé jusqu'à 35 aunes de profondeur n'a recoupé que du
schiste, selon les uns, et la veine, suivant les autres. Des trois
autres profonds de 15—20 aunes, un seul a conduit à la terre-
houille; mais l'abondance d'eau a forcé d'abandonner ces travaux.

Il y a cinq ans, cinq fosses ont encore été enfoncées : l'une
à la limite ouest du bois des Houillères, à quelques aunes au
nord de la première rappelée ci-dessus, traversa du schiste
noir et un peu de calcaire noirâtre veiné de blanc; des quatre
autres placées un peu plus à l'ouest, et à une très-petite distance les unes des autres, deux, seulement, ont recoupé une
veine de terre-houille presque verticale, d'une épaisseur variable de 0ᵃ, 30 à 0ᵃ, 50, placée entre des schistes, et se dirigeant
de l'est à l'ouest. Le combustible extrait brûlait très-facilement.

On a aussi enfoncé, il y a trois ans, à la limite est du bois
des Houillères, cinq bures dont le plus profond n'a recoupé
que du schiste et un peu de calcaire en masses irrégulières et
en grosses boules rondes ou aplaties qui offraient, à leur
surface, des grains de pyrite; les quatre autres n'ont traversé
que du schiste.

Les quatre derniers bures que l'on a approfondis de 15 à 18
aunes, à un demi-quart de lieue à l'ouest des derniers, ont
recoupé quelques couches de schiste, puis de la chaux carbonatée dans laquelle on a trouvé quelques amas de terre-houille
assez considérables.

149. Enfin on trouve encore, dans cette zone calcaire, et
près de sa limite sud, quelques petits gîtes d'argile plastique
blanche qu'on exploite sur les communes de Gérin et de weil-
lon, pour alimenter une fabrique de poterie en grès activée à
Bouvigne.

150. Avant de continuer l'examen des terrains calcaires et
siliceux qui se succèdent les uns aux autres, dans la province
de Namur, arrêtons-nous aux immenses dépôts de minérai de

fer jaune, qui, vers la limite occidentale, recouvrent une partie considérable des trois dernières zones décrites ci-dessus et
qui peut être considérée comme circonscrite par les villages,
de Florenne, Jamagne, Jamiolle, Daussois, Vogenée, Yve,
Fairoul, Fraire, Morialmé et Stave.

Ce minérai essentiellement composé de fer hydraté tel qu'il a
été décrit (56), mais qui présente aussi le fer oxidé rouge massif
et pulvérulent, est déposé dans d'énormes bassins ayant la forme
de bateaux ou de demi-ellipsoïdes dont le grand axe est généralement parallèle à la direction des couches pierreuses, mais
lui est aussi, quelquefois, perpendiculaire. Leur longueur atteint souvent 1000 aunes, et l'on peut évaluer à 100 aunes leur
largeur moyenne; quant à leur profondeur, elle est inconnue,
parce qu'on rencontre, partout, l'eau à un niveau variable,
suivant les années et les localités, mais dont la plus grande
distance à celui des plateaux superficiels ne dépasse pas 35
aunes.

Ces bassins remplis de minérai de fer sont séparés les uns
des autres par des dépôts quelquefois très-considérables d'argile plastique, d'argile sablonneuse jaunâtre ou rougeâtre qui
renferment communément des rognons et des blocs quarzeux
connus des ouvriers sous le nom de *clavias* et présentent les
diverses modifications désignées, par les minéralogistes, sous
les noms de jaspe noir et gris, de pyromaque et même d'agate
grossière d'une translucidité nébuleuse qui la rapproche de la
calcédoine. Ces substances pierreuses s'accumulent quelquefois
au point qu'elles se présentent sous la forme de couches ou
de masses divisées par des fissures nombreuses, du moins à

13.

la surface où j'ai été le plus à même de les observer, sur une grande étendue.

Ces digues qui partagent les grands bassins de minérai de fer, en plusieurs autres petits, tant dans le sens de leur longueur que dans celui de leur largeur sont toujours désignées par les mineurs, sous le nom de *parets* (parois). La chaux carbonatée en bancs sert aussi quelquefois de paret aux dépôts métallifères; peut-être en est-il de même des couches schisteuses; mais je n'ai pas encore pu, jusqu'ici, m'en assurer positivement, parce que les mineurs persuadés qu'aux approches de cette roche, la mine perd de sa qualité, s'en éloignent aussitôt qu'ils en soupçonnent la présence.

Toutes les substances prérappelées se trouvent encore disséminées çà et là, en quantité plus ou moins considérable, dans quelques parties de ces mines; des sables quarzeux et des fragmens roulés de quarz hyalin s'y présentent aussi quelquefois adhérens, comme elles, aux masses métalliques, et l'on a également signalé, dans quelques-uns de ces gîtes, la présence des terres noires pyriteuses et des pyrites en masses.

On a quelquefois rencontré, dans les travaux d'exploitation de ces mines, lesquels remontent aux époques les plus reculées, quelques incrustations de fer hydraté sur des fragmens de bois ou de fer qui y avaient été abandonnés, et cette circonstance a donné lieu à la fable de la renaissance du minérai de fer, au fur et à mesure de son enlèvement par un système particulier d'exploitation.

Pour achever de faire connaître, d'une manière plus spéciale, ces gîtes si intéressans pour l'industrie belgique, je crois pouvoir les ranger en trois grandes divisions, sans pourtant assurer qu'il n'existe, entre elles, aucune relation.

Dans la première je placerai le grand bassin que recouvrent la plaine au midi de Morialmé, les bois existans entre ce village et celui de Stave et la campagne à l'est de ce dernier village.

La seconde comprendra les divers systèmes exploités à Fairoul, dans la campagne au midi de Fraire et dans les bois entre ce dernier village et celui de St.-Aubin. On ignore encore, malgré les recherches, faites pour s'en assurer, s'ils passent dans les plaines au nord de Florenne.

Tout le terrain circonscrit par les villages d'Yve, Jamiolle et Daussois paraît n'être qu'un vaste dépôt de minérai de fer au milieu duquel se dirigeait, du nord au sud, le fameux *Camp de Boulogne,* un des plus petits bassins de cette région, mais sur lequel on a exploité, en peu d'années, une incroyable quantité de mine.

C'est encore un gîte analogue aux précédens que l'on exploite, à une demi-lieue environ, au sud du pont de Dinant, depuis le château de Melin jusqu'au fourneau de Moniatet qui se représente, dit-on, de l'autre côté de la Meuse.

151. Je passe à l'examen de la bande de schistes et de psammites sur laquelle est bâti le village de Onhaye, et qui est celle que l'on traverse en allant de Florenne à Philippeville. Elle ne donne lieu qu'à un petit nombre d'observations.

Quelques parties des couches qui la composent sont assez tendres, et ont le grain assez fin et assez homogène pour pou-

voir être employées, sous le nom de *savonnette*, à donner le
dernier poli aux marbres; telles sont celles que nos marbriers
font extraire, pour cet usage, non loin du village de Onhaye.
Ils font aussi tirer, à Chaumont, un autre schiste plus dur dont
ils se servent, sous le nom de *second rabot*, pour frotter les
marbres, avant de les passer à la savonnette.

A Froidvaux , endroit situé à une demi-lieue au midi du
pont de Dinant, on a mis en exploitation, pour en obtenir des
pavés, quelques-unes des couches qui composent cette même
bande siliceuse.

152. La bande calcaire dont nous devons nous occuper à
présent, commence à un quart de lieue, environ, au midi du
village de Onhaye, et présente tous ses bancs à découvert sur
les deux versans de la vallée dans laquelle on a tracé la grande
route de Onhaye à Hastière.

A une petite distance à l'ouest de cette route et vers la lisière
septentrionale de cette bande, on remarque, entre plusieurs
autres petites carrières, celle maintenant abandonnée qui a
fourni, autrefois, au commerce, un superbe marbre connu sous
le nom de *brèche de Waulsort*, parce que le terrain apparte-
nait à l'abbaye de ce nom. Cette brèche calcaire susceptible de
prendre un très-beau poli présente des nuances très-variées
parmi lesquelles on distingue de belles couleurs grisâtres, rou-
geâtres, blanches et noires. Malheureusement, tous les noyaux
qui la composent ne sont pas également bien cimentés, de sorte
qu'il s'en détache quelquefois , par l'opération de la taille, et
qu'ils laissent souvent , entre eux , des vides assez larges. Il
faut donc recoller les premiers et remplir les seconds avec des

mastics particuliers diversement colorés et susceptibles de poli. Ces motifs joints à la difficulté de son exploitation ont fait abandonner cette carrière depuis un temps assez long pour que les produits en soient devenus aussi rares qu'ils le sont actuellement.

Tous les bancs calcaires de cette zone dont on découvre les tranches, le long de la route indiquée ci-dessus, sont plus ou moins tachés de rouge, et la finesse de leur grain paraît indiquer qu'ils pourraient facilement recevoir le poli. Aussi a-t-on essayé d'en extraire quelques-uns dans une petite carrière maintenant abandonnée d'où l'on a versé, dans le commerce, un marbre à fond rouge haché de blanc et serpentiné de gris bleuâtre que l'on a nommé *marbre de Onhaye*.

En approchant de Hastière, on trouve une chaux carbonatée silicifère employée par les gens du pays , sous le nom de *pierre de feu,* pour garnir l'intérieur des foyers domestiques. Ici, comme dans les autres endroits où j'ai signalé cette roche, elle se trouve au passage du terrain calcaire au terrain siliceux.

153. Cette bande calcaire se prolonge, mais avec des largeurs variables, dans l'Entre-Sambre-et-Meuse. Elle passe sous la ville de Philippeville à l'est de laquelle deux carrières sont ouvertes, à 150 aunes l'une de l'autre, sur des bancs assez plats, mais que l'on ne peut pas attaquer au dessous de 5 — 6 aunes de profondeur, à cause du peu d'élévation du terrain qui les recèle. On en extrait, cependant, des blocs d'une assez belle dimension d'un marbre moins remarquable par la variété de ses couleurs que par les formes des taches d'un gris très-foncé passant au noir qui présentent , sur un fond gris plus

pâle, des dessins souvent très-agréables à l'œil et lui donnent quelque ressemblance avec la brèche d'Herculanum.

A un quart de lieue à l'ouest de Seazeille situé sur la même bande, carrière d'où l'on a extrait un marbre rouge veiné de bleu et de blanc.

A Cerfontaine, autre carrière également abandonnée, qui donnait un marbre rouge veiné et même barré de blanc et accidentellement de bleu.

154. Sur la rive gauche de la Meuse, la bande calcaire qui nous occupe montre encore toutes ses tranches à découvert depuis l'abbaye de Waulsort jusque près du fourneau de Moniat situé vis-à-vis d'Anseremme. Depuis Waulsort jusqu'au château de Fréyr, on remarque, dans ces couches, une grande quantité de veines et de rognons de quarz agathe rougeâtre, de pyromaque et de jaspe brunâtres, blanchâtres, etc.

A un quart de lieue au nord du château de Fréyr, se trouve la belle grotte qui en porte le nom et qu'ont décrite plusieurs voyageurs, notamment MM. Kickx et Quetelet, dans la relation de leur voyage à la grotte de Han. (Bruxelles, 1823, in-8; p. 59 — 63 et p. 78 — 84).

155. La même bande se reconnaît facilement, encore, au midi d'Anseremme, tant dans la vallée de la Meuse, que dans celle de la Lesse. A Furfooz où elle passe, on a découvert, en 1821, quelques nouveaux bancs de marbre noir. Ils ont le grain aussi fin que ceux de Golzinne, une cassure très-conchoïde, et n'offrent pas la moindre tache ou filet blanc. Au dessous de quelques autres non exploitables, on en trouve un de o$^a$, 5o d'é-

paisseur qui n'est pas toujours très-propre à fournir de beau marbre, puis un second de o$^a$, 18 et un troisième de o$^a$, 42 qui sont d'une qualité parfaite.

En avançant vers l'est, cette bande calcaire se dirige, en se rétrécissant toujours de plus en plus, entre Corbion et Lei-gnon, à Pessoux et à Trisogne (route de Namur à Marche). Quelques carrières sont ouvertes dans ces deux derniers en-droits et sont même, je pense, les dernières qui peuvent four-nir d'assez belles pierres de taille dans cette contrée où le schiste prend un accroissement considérable aux dépens du calcaire.

156. Je passe à l'examen d'une large bande essentiellement siliceuse, aussi intéressante sous le rapport géologique que sous celui de l'industrie et du commerce, et que je dois par consé-quent décrire, sous l'un et l'autre point de vue, aussi exacte-ment que le permettent les difficultés toujours renaissantes que présente son étude détaillée.

Elle est assez généralement composée de couches de schiste appartenant à la variété argileuse; telles sont celles dont on tire, à Ermeton-sur-Meuse, la matière employée, sous le nom de *premier rabot*, pour effacer les aspérités que laissent les grés ou les calcaires siliceux sur les pièces de marbre que l'on dégrossit, avec ces pierres dures.

Mais, dans plusieurs localités, ces couches schisteuses se rapprochent de l'ardoise, par leur couleur et leur consistance et paraissent, ainsi, former le passage entre toutes celles de la même nature qui ont été étudiées jusqu'ici et la grande bande éminemment ardoisière dont nous ne tarderons pas à nous occuper. Aussi y-a-t-on établi plusieurs travaux ayant pour but la recherche des ardoises. Tels sont ceux qui ont été entrepris, récemment, au midi de Senzeille, mais qui n'ont amené jusqu'ici aucun résultat satisfaisant ; tels sont encore ceux que les moines de l'abbaye de Vodelée ont fait exécuter, sur l'inclinaison d'un banc, à 3o — 4o aunes de profondeur, entre Soulme et Gochenée, au lieu indiqué sur la carte, par le mot *ardoises*. Celles qu'ils y ont obtenues ne pouvaient, dit-on, supporter la gelée ; sans doute aussi elles étaient trop épaisses, car les morceaux épars à la surface qui ont résisté, depuis un si grand nombre d'années, aux intempéries de l'air, ne paraissent pas susceptibles de se diviser facilement en feuillets assez minces.

Des recherches de houille ont aussi été poursuivies, mais sans aucun succès, dans cette bande siliceuse, au nord de Tromcourt endroit situé à l'ouest de Mariembourg. Les haldes de la fosse ne présentent que des schistes gris remplis d'impressions de coquilles du genre des productus et bon nombre de petites géodes tapissées de petits cristaux rosâtres de chaux carbonatée métastatique.

157. Cette zone siliceuse nous présente plusieurs rubans calcaires qui ne paraissent avoir quelque suite que dans la partie de la province située à l'ouest de la Meuse. On y trouve aussi un grand nombre de ces masses qui, par leur forme arrondie, le défaut de stratification, du moins bien apparente, et leur position isolée dans le schiste, ont fixé l'attention de tous les observateurs qui les ont visitées. Je crois avoir établi (10) leur mode de formation par couches, j'y ai reconnu la présence, en quantité notable, de productus et autres fossi-

les abondans dans les couches calcaires; j'ai montré (146, 152)
que la couleur rouge ne leur est point particulière, comme
on l'avait pensé d'abord, enfin je crois reconnaître une relation de position assez bien déterminée entre elles et des systèmes de bancs calcaires qui n'en sont jamais éloignés. D'après
toutes ces considérations, je vais les étudier conjointement
avec les rubans calcaires dont je les regarderai comme des
appendices.

158. Je rapporterai à la bande calcaire de Philippeville ou
à une autre petite passant à Neuville, les masses exploitées :

Au sud du village de Villers-le-Gambon, mais sur la commune de Merlemont, par une carrière maintenant abandonnée
qui a fourni un marbre rouge veiné de blanc et de bleu.

Au sud et près de Franchimont, par une carrière ouverte
depuis un temps immémorial et où les travaux ont été pous-
sés à une telle profondeur que les eaux submergent ceux du
fond et qu'on est obligé d'attaquer de nouveau le haut de la
masse. Ce marbre est d'un assez beau rouge veiné de blanc et
de bleu.

Au sud du hameau de Latenne (commune de Surice), par
une carrière ouverte, il y a environ cinq ans, et de laquelle
on tire un marbre gris nuancé de bleu et de blanc.

159. Le calcaire, en bancs bien distincts, se présente au
village de Sautour, au nord de celui de Romedenne et sous
ceux de Surice et de Soulme. Dans cette dernière localité, plusieurs des couches paraissent propres à fournir un beau marbre noir. En avançant vers l'ouest, on retrouve ce petit ruban
calcaire au nord d'Ermeton-sur-Meuse, au sud de Waulsort;

14.

à Falmagne et à Falmignoul, dans le bois de Jannée et à Sinsin (route de Namur à Marche), mais je dois avouer que la marche que j'assigne ici aux bancs calcaires de Sautour est plus conjecturale que toutes celles que j'ai établies jusqu'à présent.

160. Près du village de Sautour, on a trouvé quelques indices de galène et de calamine, en filon. Je présume que c'est ce gîte qu'a eu en vue M. Boucher, lorsqu'il a annoncé, (Ann. des M., t. 3, p. 229), avoir trouvé, d'après diverses indications et au moyen de quelques recherches, dans les environs de Philippeville, un gisement de calamine qui, quoique moins riche que celle de Limbourg, pourrait la remplacer à tout événement.

161. Je rattacherai à cette bande :

La masse de marbre que l'on exploite à l'ouest et près de Merlemont et qui en fournit deux variétés principales présentant toutes deux les nuances les plus fines et les dessins les plus agréables à l'œil; l'une est rouge, et se rapproche beaucoup du Franchimont, l'autre connue sous le nom de *Malplaquet* offre de superbes nuances bleuâtres, sur un fond gris clair;

Le marbre rougeâtre nuancé de blanc et de gris que l'on a exploité dans deux carrières maintenant abandonnées dont l'une dite de *St.-Gobiée* est située au nord-ouest et l'autre dite *Fulgeotte* au sud-est du village de Soulme;

Et un autre d'un rouge plus foncé et bien plus estimé provenant de l'ancienne carrière de Richemont abandonnée depuis

une trentaine d'années qui n'est pas éloignée de celle de Fulgeotte, mais dépend de la commune de Gochenée.

162. Un autre ruban calcaire passe au village de Roly et
sous celui de Vodelée. Près de l'un et de l'autre, on rencontre
des tufs qui constituent, dans le premier, une masse assez
considérable, tandis que, dans le second, ils ne sont guère
connus que par les jolies incrustations qu'ils forment sur les
végétaux.

163. De nombreuses carrières de marbre se rattachent, dans
mon système, à cette petite bande calcaire. Je vais les faire
connaître, en allant de l'ouest à l'est.

Au sud-ouest de Vodelée sont celles dites de *Petit-Mont* et
de *Haut-Mont* d'où l'on a tiré, à différentes reprises, des marbres analogues à celui de Franchimont, c'est-à-dire présentant
les trois couleurs rouge, bleue et blanche.

A l'est et près du même village, il y en a cinq presque contiguës dont le marbre présente un fond bleu plus ou moins
foncé, avec de grandes veines et de petits filets blancs. La
première appelée *Grand Jardin* ou *Grand Courtil* et la quatrième nommée *Violon* sont les seules qui soient, actuellement, en activité :

La carrière dite *Luçon* située à un quart de lieue au sud de
Gochenée et à la même distance, à peu près, à l'est de Vodelée est encore en activité et fournit au commerce une éton-
nante variété de marbres très-recherchés. Je ne citerai, ici,
que les noms qui rappellent assez bien la disposition des trois
couleurs qui y dominent, savoir : le rouge, le bleu et le gris.

Ce sont : le *royal rouge*, le *rouge caillouté*, *la griotte rouge*, le *chocolat*, le *damassé*, *l'agate*, le *fleuri bleu*, le *fleuri rouge*, le *bleu*, le *gris*, etc.

A l'est, et près du village de Gochenée, on rencontre la carrière *Herman* d'où l'on tirait le marbre nommé maintenant *Vieux Gochenée* qui est d'un rouge magnifique veiné de blanc et, accidentellement, de gris pâle ou foncé.

Dans la carrière au nord-ouest du village d'Agimont, on a exploité, autrefois, deux sortes de marbres, l'un à fond rouge et l'autre à fond bleu, tous deux veinés de blanc.

Les mêmes variétés se trouvaient dans une autre carrière dépendante de la même commune, mais située à l'est du village et près de la Meuse.

La carrière ouverte sur la rive droite de la Meuse, près du village de Heer, et qui a également fourni beaucoup de marbre rougeâtre, avec des veines blanches et bleues, est la dernière de celles que je puisse rapporter à la petite bande calcaire hypothétique de Roly. Je n'ai plus retrouvé cette bande, à l'est de ce dernier point, à moins pourtant que la sommité calcaire qui paraît à Chevetogne ne soit sur son prolongement.

164. Le dernier ruban calcaire qui divise notre grande zone siliceuse est connu entre Doische et Gimmée : c'est à elle qu'il faut rapporter, selon moi, la masse calcaire que l'on a exploitée à la limite sud du bois de la Cloche, pour en tirer des marbres rouge et gris analogues aux précédens.

165. Je terminerai cette description des marbres calcaires en masses, en faisant connaître celle que l'on a exploitée à St.-Remy,

à une demi-lieue nord-est de Rochefort, et qui peut être rappor
tée à la grande bande calcaire que je vais parcourir dans un
instant. C'est elle qui a fourni si long-temps au commerce ce
beau marbre rouge agréablement veiné de blanc connu sous le
nom de marbre de *St.-Remy* et un autre qui présente, sur un
fond rougeâtre, des veines blanches, bleues foncées et grises
bleuâtres. Cette immense carrière creusée à une très-grande
profondeur, et en partie, submergée par les eaux est décrite,
d'une manière très-pittoresque, dans la relation du voyage à
la grotte de Han citée plus haut.

Au nord et près de cette carrière coule un ruisseau qui recouvre d'incrustations calcaires les végétaux qu'il charrie.

166. Nous voici parvenus à la grande bande calcaire qui
forme la limite nord de l'Ardenne proprement dite. Tâchons
donc de faire connaître bien exactement sa marche : elle commence au nord de Mariembourg, de Givet, de Beauraing, de
Rochefort, de Marche et de Fronville et finit au midi de Couvin, d'Olloy, au nord de Winenne, de Wancenne, entre Hon-
nay et Revogne, entre Wellin et Ave, au midi de Marche et de
Hoton. Sa largeur moyenne est donc d'environ une lieue. On
ne peut s'empêcher de remarquer, d'abord, lorsqu'on la parcourt :

1°. La grande quantité de madrépores que l'on trouve en ses
différens points ;

2°. La multitude de petits filons remplis de mine de fer et
de plomb qui se rencontrent sur presque toute son étendue et
à de très-petites distances les uns des autres ;

3°. Les grandes cavités souterraines qu'elle présente, notamment à la montagne dite *le pont d'Avignon*, à l'est de Couvin, que traverse une branche de l'eau noire, à Fromelenne (France), au Fond-de-Vaux situé entre Wellin et Ave où se perd un petit ruisseau, à Han où s'engouffre la Lesse, à Jemelle, au sud et près de Rochefort, et à l'est d'Eprave (ces trois dernières sont traversées par la rivière de l'Homme), à St.-Remy, à On, etc. MM. Kickx et Quetelet ont donné, avec les détails les plus étendus et les plus intéressans, la description de la plus grande de ces grottes déjà connue par plusieurs autres relations que je regrette de ne pouvoir citer ici, ne les ayant pas, en ce moment, sous la main.

167. Les carrières ouvertes pour l'extraction de la pierre, dans cette grande bande calcaire, sont assez nombreuses, mais peu importantes. Je me bornerai donc à citer :

1º. Celle de Dailly dans laquelle on travaille cinq à six bancs de marbre noir piqué de blanc.

2º. Les deux situées au nord de Vaucelle dans lesquelles on exploite, outre plusieurs bancs inclinés au midi dont on fait des pierres de taille, un banc de 1ᵃ, 3o d'épaisseur sillonné par un grand nombre de coupes perpendiculaires à sa ligne de direction, ce qui force à le scier dans le sens de son épaisseur et par conséquent à diminuer sa force, pour en obtenir des tranches d'un fort beau marbre à fond gris foncé, moucheté et pointillé de blanc, auquel sa ressemblance avec un de ceux qui viennent à Bruxelles, de Boulogne sur mer, a fait donner le même nom.

168. Sur presque tous les points de l'espace circonscrit entre Couvin, Nisme et Pétigny, on trouve plusieurs gîtes de miné-

rai de fer dont l'exploitation abandonnée, depuis long-temps,
a été reprise, récemment, par les maîtres de forges des environs, malgré les grandes dépenses qu'elle nécessite, mais qui
sont probablement compensées par la proximité des gîtes, par
la richesse du minérai brut qu'on en retire, par la pureté et la
qualité de celui-ci, après le lavage. C'est là seulement qu'on
trouve ces masses hématiteuses de fer hydraté d'un volume
quelquefois assez considérable. Les travaux d'extraction y sont
portés à une profondeur de plus de 5o aunes au dessous de
ceux qui y ont été pratiqués à des époques plus ou moins reculées. Les enfoncemens très-profonds que ceux-ci ont occa-
sionés à la surface du sol prouvent suffisamment que ces gîtes
sont tantôt des filons dont la direction assez étendue croise,
sous des angles approchant de 90°, les bancs calcaires, tantôt
de grands entonnoirs dont les parois calcaires sont à découvert
sur plusieurs points. L'argile plastique se retrouve, encore ici,
associée au fer hydraté.

A Olloy, à Dourbe, à Treigne et à Vierve, on connaît et l'on
exploite aussi, de loin en loin, quelques gîtes analogues aux
précédens de mine de fer fort, contenant quelquefois un peu
de galène; ils ont été décrits par M. Baillet, J. des M., n° 67,
page 15.

Les gîtes ferrifères et plombifères si abondans dans toute
cette zone calcaire, mais ordinairement si étroits et si peu suivis, qu'ils n'ont pu faire, jusqu'ici, l'objet d'aucune exploitation réglée, ne sont, nulle part, si nombreux et aussi riches
que sur la commune de Mazée. Dans la montagne au sud de
ce village, on en connaît cinq ou six se dirigeant du nord au

sud que l'on a exploités, à différentes époques, jusqu'au niveau des eaux naturelles.

169. Entre Treigne et Vierve, on a exploité, dans une grande cavité assez irrégulière formée dans le calcaire, la baryte sulfatée trapézienne engagée dans une gangue d'argile ferrugineuse.

170. Entre Ave et Wellin, dans une carrière ouverte au sein de la montagne où se perd le ruisseau, on voit des bancs calcaires très-réguliers pendant au nord, recoupés par une énorme masse de même nature de 2 — 3 aunes d'épaisseur. Entre une de ses faces et les bancs qu'elle traverse, se trouve de l'argile ocreuse, et, dans cette argile, de la mine de plomb.

A une petite distance de cet endroit, on voit un petit filon découvert à la surface d'où l'on a extrait du fer hydraté et du plomb sulfuré.

Ces deux espèces minérales se trouvent encore, pour ainsi dire, sur tous les points de cette zone calcaire, de part et d'autre de la limite qui sépare la province de Namur du grand duché de Luxembourg; mais, comme elles y sont toujours peu abondantes, je crois pouvoir me dispenser de signaler ici, tous les points où elles ont fait et font encore, de temps en temps, l'objet de petites extractions superficielles, et je passe de suite aux gîtes un peu plus intéressans dans lesquels on les trouve aux environs de Rochefort, en faisant remarquer, sur l'espace que je franchis, le filon percé dans le calcaire dont il coupe les bancs à peu près rectangulairement où l'on trouve de la mine de fer et l'on recherche celle de plomb, à un quart de lieue au nord de Wavreille.

M. Bouesnel a décrit, J. des M., t. 29, p. 219, cinq petits
filons verticaux à peu près parallèles coupant, à angle droit,
les derniers bancs calcaires situés au nord de Rochefort et passant près de l'ancienne abbaye de St.-Remy. Une arène qui a
été construite pour leur exploitation a fait connaître, dans l'intérieur de la montagne, un gouffre immense que tiennent constamment rempli d'eau des sources dont on peut apprécier l'a-
bondance par le volume d'eau que cette arène transporte au
dehors. On assure dans le pays, que les moines de St.-Remy
ont fait extraire, dans la partie supérieure de ce gouffre, des
quantités prodigieuses de mine de plomb et un très-ancien
ouvrier m'a dit y en avoir encore ramassé beaucoup, au niveau
naturel des eaux.

On exploite encore à présent, à tranchées ouvertes, dans la
même commune de Rochefort, un filon très-long mais très-
étroit qui coupe obliquement les bancs calcaires et dans lequel
on trouve, de gros morceaux de fer hydraté dont la forme rappelle celle de gros éclats de bois. Les salbandes de ce filon sont
de la chaux carbonatée cristallisée laminaire dans laquelle scin-
tillent quelques mouches de galène.

D'autres filons ont été reconnus et même exploités, sur d'autres points de la commune de Rochefort; c'est dans quelques-
uns d'entre eux que MM. d'Omalius et Delvaux ont reconnu le
fer oligiste ou oxidé cristallisé et le manganèse oxidé, et c'est
aussi dans leur voisinage que j'ai trouvé, sur le sol, un ma-
drépore calcaire dont la couche extérieure était pénétrée de
plusieurs cristaux très-petits et assez mal conformés dont j'ai
également parlé (55). Comme il ne m'a pas été possible de reconnaître ces gîtes, et qu'ils paraissent d'ailleurs peu importans,

je n'entreprendrai point de les décrire et je me bornerai à en signaler deux autres que j'ai pu visiter, entre Rochefort et Je- melle. On y a aussi exploité de la mine de fer ligniforme; mais à présent, elle s'y présente en morceaux et en grains dissémi- nés dans l'argile au milieu de laquelle on trouve encore, çà et là, des étincelles de plomb sulfuré. Ce dernier minérai paraît cependant y avoir été assez abondant autrefois, car on assure qu'il y a eu, à Jemelle, un fourneau pour le fondre.

171. Entrons maintenant dans la grande formation ardoisière de M. d'Omalius. Avant d'arriver aux couches divisibles en feuillets minces, on en traverse d'autres de quarz compacte et de schiste dans lesquelles on ne trouve déjà plus de débris de corps organisés et que l'on voit passer insensiblement au schiste ardoise, en se chargeant, de plus en plus, d'oxide de fer et de cette substance talqueuse verte que nous avons dit (31) être abondamment répandue dans cette deuxième variété.

Les bancs ardoisiers de cette zone sont, depuis notre sépa- ration de la France, l'objet d'un grand nombre de recherches auxquelles a déjà succèdé, en plusieurs points, l'établissement de travaux réguliers d'exploitation. Les plus rapprochés de Fumay sont ceux qu'une société a repris, il y a environ 18 mois, en la commune d'Oignie, à trois quarts de lieue au sud de ce village, sur la rive droite du ruisseau d'Alie au niveau duquel elle se propose de percer une galerie d'écoulement qui permettra d'établir les ateliers d'exploitation au dessous des anciens. On remarque, dans cette ardoisière, 1° des fissures naturelles perpendiculaires *au long grain* (ligne de plus grande pente) auxquelles on donne le nom de *traversins* et qui faci- litent beaucoup la division des bancs; 2° des taches, des veinules verdâtres qu'on appelle *rois* et des couches minces de la même couleur nommées *lits*. Celles-ci sont placées à des distances qui varient ordinairement de 0ᵃ, 30 à 0ᵃ, 60 et peuvent également être divisées en ardoises, lorsque leur épaisseur est suffisante. L'absence des pyrites et l'excellente qualité de la pierre, dans cette exploitation, doivent assurer aux produits qu'elle commence à livrer au commerce l'avantage de rivaliser avec ceux de la même nature qui nous viennent des environs de Fumay.

Une autre société faisait enfoncer, il y a six mois, un bure pour l'exploitation des ardoises, près du hameau dit le Bruly de Couvin et doit avoir maintenant atteint la veine.

Mais les ardoisières les plus nombreuses de cette bande sont celles qui forment un groupe au nord et près du hameau du Cul-des-Sarts situé près de la limite de France et qui se trouvent, les uns sur la province de Namur et les autres sur celle de Hainaut. Les bancs que l'on y travaille sont inclinés au sud de 30°, environ, et sont recouverts par d'autres qui leur ressemblent beaucoup mais qui ne peuvent se diviser, comme eux, en lames également minces. On remarque, parmi les premiers, une couche de grès quarzeux veiné de quarz blanc translucide, de 1ᵃ 30 d'épaisseur et quelques croûtes dans lesquelles apparaissent des cristaux prismatiques de la même espèce minérale. Le fer sulfuré s'y montre aussi en petits filets courant dans toutes sortes de directions.

Si les bancs ardoisiers de Fumay ne finissent pas à l'est de cette ville, ils doivent, d'après leur direction bien connue, rentrer dans le royaume des Pays-Bas et dans la province de Namur, entre Vencimont et le Sart-Custinne. Il n'est pas à ma connaissance qu'on ait jamais tenté de les reconnaître, dans des points voisins de ceux que je viens d'indiquer ; mais je sais qu'on exploite très-près du Jour, dans les bois de Gedinne, à Nafraiture, à Membre, à Bohan et à Cornimont, des schistes qui se divisent, non plus en feuillets, mais en grosses plaques dont on se sert, sur les lieux, sous le nom de *faiseaux*, pour couvrir les maisons. Il parait qu'ils ne supporteraient pas la percussion nécessaire pour y percer un trou, car on les assemble avec du mortier.

172. Le terrain que je viens de faire connaître parait renfermer, comme celui du calcaire qui le limite au nord, un grand nombre de petits gîtes métallifères. J'ai vu du fer oxidé, du fer hydraté, du plomb sulfuré et jusqu'à du cuivre pyriteux qui avaient été extraits de différens points situés tant sur la province de Namur que dans le grand duché de Luxembourg ; mais l'examen approfondi et la description détaillée de ces gîtes intéressans sont réservés à l'observateur qui étudiera l'Ardenne sur une plus grande étendue que je ne puis le faire, dans la province de Namur qui ne présente que quelques parties saillantes dans ce terrain.

173. Il y a quelques tourbières bien insignifiantes à l'est du Cul-des-Sarts, au midi d'Oignie, à Bièvre, à Graide, à Beauraing, etc.

## B. BASSINS HOUILLERS.

174. J'ai déjà observé (48) que la province de Namur est traversée, de l'est à l'ouest, depuis le village de Moignelée jus-

qu'au delà du hameau de Flisme annexé à la ville d'Andenne, par les deux bassins houillers aux centres desquels sont situées les villes de Charleroi et de Liége. Les détails dans lesquels je suis entré (70, 83, 110), sur la marche des bancs calcaires qui leur servent de limites au nord et au sud sont plus que suffisans pour nous faire connaître leur forme et leur étendue. Il me reste à indiquer les principaux groupes de couches qui les composent.

175. La partie du bassin houiller de Charleroi comprise dans la province de Namur a la forme d'un grand triangle dont la base s'étend depuis le midi de Falisolle jusqu'au nord de Velaine et a, par conséquent, près d'une lieue et demie de long, et dont le sommet est entre Mozet et Maizeret, de sorte que sa hauteur serait de près de six lieues.

Il contient, comme celui qui lui succède à l'est, une petite bande calcaire qui ne se montre au jour que sur une partie de son étendue de l'est à l'ouest, et notamment à l'est du village de Moustier, au nord-ouest et au nord de celui de Floriffoux. La forme de cette chaîne calcaire saillante au dessus du terrain houiller ne peut pas encore être déterminée bien rigoureusement; cependant je pense qu'elle se rattache, entre Jaumaux et Belgrade (route de Namur à Bruxelles), à la première grande zone calcaire décrite (70 — 83) de sorte qu'elle formerait aussi une presqu'île comme celle qui a été bien reconnue (107) dans le bassin houiller d'Andenne.

176. Le groupe de couches de houille le plus au nord vient de Beaulet (province du Hainaut), passe au midi de Velaine où il est composé de trois couches formant plateurs et dressans

et par conséquent trois bacs superposés dont les crochons plongeant de l'est vers l'ouest sortent au jour, vers la limite orientale de ladite commune de Velaine.

Viennent, ensuite, en allant du nord au midi :

Un bac isolé sortant au jour sur la commune de Jemeppe ;

Puis une plateur à laquelle on ne connaît pas de dressant ;

Puis un système de deux couches réunies par le haut, de manière qu'elles forment un fond de bateau renversé ou une espèce de selle.

Quelques-unes de ces couches et autres dont les allures ne sont pas aussi bien connues, sont probablement celles que l'on exploite au nord-ouest du village de Jemeppe et que l'on connaît au midi de celui de Spy.

177. Au midi des précédentes, il existe un groupe de douze couches au moins, toutes inclinées au sud de 45° environ, auxquelles on ne connaît pas de dressans, du moins dans la partie occidentale de leur direction. La plupart ont été ou sont encore exploitéés au nord du village de Tamine où quelques-unes, et notamment la grande veine du Hazard, 0,$^a$80 de puissance, fournissent de la houille maigre en gros morceaux, et à l'ouest de celui de Jemeppe où elles ne donnent déjà plus autant de grosse houille.

Ces couches sont probablement aussi celles que l'on connaît au nord et au midi de Moustier. L'une de celles que l'on exploite près de ce dernier endroit mérite d'être décrite avec quelques détails, parce qu'elle présente une circonstance qui me paraît bien propre à fixer l'opinion des géologues sur l'âge de nos terrains à houille par rapport à celui de nos calcaires gris et noirs coquillers.

178. A un quart de lieue à l'est du village de Moustier, elle forme un grand fer à cheval au moyen duquel elle change subitement de direction, retourne vers l'ouest jusqu'audit village, puis au moyen d'un second fer à cheval, reprend sa marche vers l'est, et cesse d'être connue au delà des campagnes au midi de Temploux. On n'exploite, en ce moment, que le dressant situé au nord et pendant de 55° à 60°. Dans l'une des fosses qui y sont enfoncées, j'ai reconnu qu'après avoir traversé 15$^a$, 50, environ, de fer carbonaté et de schiste houiller, on avait recoupé un banc de 0$^a$, 50 d'épaisseur d'un calcaire compacte noir, pointillé de pyrite, et rempli d'empreintes parfaitement analogues à quelques-unes de celles que l'on rencontre dans tous nos calcaires gris et noirs, puis une petite couche de schiste noir à grain très-fin présentant, entre ses feuillets, quelques aiguilles blanches tellement exigues qu'il n'est guère possible de prononcer si elles appartiennent à l'espèce chaux sulfatée, comme je le présume, puis un banc de 0$^a$, 25 d'épaisseur de calcaire compacte dont une partie est criblée des mêmes coquilles qui distinguent le granite de Ligny et qui prend aussi le poli; vient ensuite une série de bancs de schiste houillers de 15$^a$ d'épaisseur, puis une veinette de terre-houille de 0$^a$, 05 ayant, pour mur, un grès de 1$^a$, 30 de puissance présentant des empreintes végétales, et pour toit, un autre grès grisâtre de 0$^a$, 10, traversé par des filets blancs assez gros de chaux carbonatée pure, puis un système de 15$^a$ environ de couches schisteuses, puis enfin la veine en question qui a 0$^a$, 50 d'épaisseur moyenne.

16

Par une autre fosse distante de 1000ᵃ au couchant de la précédente, les mineurs m'ont dit avoir recoupé à peu près à la même profondeur, les mêmes couches, mais plus plates, parce que, à cet endroit, on était déjà placé sur le fer à cheval du couchant. L'un d'eux m'a également assuré les avoir trouvées, en plateurs, au delà de ce tournant, et ceux qui ont travaillé autrefois le fer à cheval de l'est déclarent aussi y avoir reconnu le même terrain.

La marche que je viens d'assigner aux couches calcaires paraît être également celle de la couche de fer carbonaté lithoïde, d'une épaisseur moyenne de $4^a$ qui a été percée dans les deux premières fosses prérappelées et qui est aussi coupée, au tournant de l'ouest, par le chemin creux qui conduit de ces fosses au village de Moustier.

179. On trouve, ensuite :

A $500^a$ au midi du dernier groupe que je viens de décrire, deux couches qui ont été exploitées sur Tamine et sur Auvelais, passent entre l'église de ce dernier village et le pont qui y est construit sur la Sambre et font encore l'objet de quelques extractions sur la rive gauche de la rivière;

Puis, au nord de Moignelée, un autre système composé d'une plateur et d'un dressant;

Puis, enfin, deux dressans également connus sur Tamine où l'un est exploité et fournit beaucoup de grosse houille, sur Auvelais où ils ont été travaillés autrefois, et près de la chapelle bâtie dans les prairies au nord de Ham-sur-Sambre. On peut admettre, avec beaucoup de vraisemblance, que ces deux

derniers dressans ont pour plateurs les deux couches du cou-
ple indiqué au commencement de ce paragraphe, de sorte
qu'ils formeraient avec elles, deux nouveaux bacs enveloppant
celui qui est placé entre ces deux groupes extrêmes.

180. Il existe dans le village même de Moignelée, un système de couches de houille assez remarquable pour que je
consacre à sa description, un article de quelqu'étendue. Le
bure d'extraction a recoupé une première couche de 0ᵃ, 80, à
la profondeur de 117ᵃ, une deuxième de la même épaisseur, à
130ᵃ ét la troisième de 1ᵃ, à 140ᵃ. On commença à exploiter
celle du milieu dans la partie qui s'enfonçait au sud; à une
certaine distance à l'est, et à l'ouest, on s'aperçut qu'elle dé-
crivait, de chacun de ces côtés de grands arcs de cercle; enfin, après quelques années de travail, les mineurs furent fort
surpris de se retrouver au point d'où ils étaient partis. La
même particularité s'étant présentée, depuis, à différens ni-
veaux, ils ont compris que cette veine avait la forme d'un
demi-ellipsoïde qui, dans son affleurement au jour, peut avoir
1200ᵃ de long et 140ᵃ de large. Il a aussi été reconnu que la
couche inférieure avait la même forme, mais avec des dimensions plus grandes, le grand axe de l'ellipse formée par son
intersection avec la surface du sol ayant bien 1400ᵃ et le petit 175ᵃ. Enfin celle du dessus doit avoir 900ᵃ de l'est à l'ouest
et 100ᵃ du nord au sud, dans son affleurement au jour.

Les trois couches fournissent une houille solide qui, bien
que maigre, est excellente pour la grille.

181. Après ce système, on en connait encore, au centre
même du village de Moignelée, un autre composé de deux bacs

16.

ordinaires superposés qui sortent au jour à l'est du village, et s'enfoncent, vers l'ouest, sous la province de Hainaut.

182. Au groupe précédent en succède un autre composé de douze couches au moins, dont plusieurs, notamment à Auvelais, reposent sur de petits lits d'argile plastique.

Les premières au nord ont été exploitées en plateurs, au sud du village de Moignelée, à Tamine et à Auvelais; les suivantes aussi en plateurs, au nord de Falisolle, au sud d'Auvelais, et au centre de Ham-sur-Sambre; les quatre dernières qui présentent, au midi de ce dernier village, un système de quatre bacs empilés les uns au dessus des autres, ne sont connues que par leurs plateurs, sur Auvelais et sur Tamine, d'où l'on voit, ou que leurs dressans s'enfoncent vers l'ouest, à une profondeur plus considérable que celle à laquelle on a porté, de ce côté, les travaux d'exploitation, ou que, suivant l'opinion de beaucoup de houilleurs, ils se replient sur eux-mêmes, de manière à redevenir de nouvelles plateurs que l'on regarde alors comme des veines différentes.

Quoi qu'il en soit, il n'y a que l'une ou l'autre de ces deux hypothèses qui puisse expliquer l'existence d'un bac sortant au jour au midi de Mornimont, d'un autre finissant aussi à l'ouest de Soye et des trois que l'on connaît à l'ouest de Flawinne, tous points situés à peu près sur la direction générale du groupe de 12 couches dont je m'occupe en ce moment.

183. L'une de ces couches travaillées à Flawinne paraît continuer sa route vers le château de Namur, traverser la Meuse, la montagne Ste.-Barbe à un quart de lieue au sud de Namur,

et pourrait bien être celle qu'on exploite dans les campagnes d'Erpent.

On voit près de la route tracée sur le versant sud de la montagne Ste.-Barbe, un beau gîte de fer carbonaté lithoïde de 5ᵃ d'épaisseur recouvrant les schistes et grès dans lesquels passe cette veine.

184. Quatre autres couches dont la première au nord est un dressant connu à Falisolle, à Auvelais et à Ham et les trois autres sont des plateurs connues à Ham seulement, sont comprises entre le groupe qui précède, et un autre dressant bien connu, sous le nom de veine *Lambiotte*, remarquable par les nombreuses sinuosités qu'il forme, de part et d'autre de la limite de Ham et de Mornimont et qui paraissent barrer le passage aux quatre couches situées au nord.

185. Enfin viennent au midi :

1º. Une veine parcourant les communes de Falizolles, Auvelais, Ham, Mornimont et venant sortir de terre, à Franière, sous forme de bac. Dans cette dernière localité, elle est séparée du mur par une mince couche d'argile plastique.

2º. Plusieurs autres petites couches parcourant à peu près, la même étendue de terrain, dont l'une se montre entre deux bancs de grès, au nord de Malonne et à la Plante. Ce sont elles, sans doute, que l'on travaille sur les communes de Jambe, Erpent et Loyers.

3º. Trois petites couches dont deux, au moins, finissent en pointe sur la commune de Malonne et forment peut-être, par leur réunion, l'énorme masse exploitée à Falisolle d'un com-

bustible qui n'a plus aucun éclat et ressemble à de l'argile
durcie, mais qui brûle cependant aussi bien que la terre-houille
ordinaire.

186. La partie du bassin houiller de Liége comprise dans
la province de Namur est partagée, comme je l'ai montré (107),
en deux parties à peu près égales, par la presqu'île calcaire
qui s'étend le long de son grand axe, depuis Thon jusqu'au
hameau de Flisme.

Au nord de cette presqu'île, se trouve un système principal
de deux couches de terre houille, plateur et dressant, formant
un bac qui sort au jour dans le bois de Forez à l'ouest de Bonneville. A partir de ce point, elles vont toujours en s'écartant
l'une de l'autre, au fur et à mesure qu'elles se poursuivent
vers l'est. La plateur a une puissance moyenne de $0^a$, 50 et
une inclinaison moyenne de $40^o - 45^o$. Elle traverse les bois
de Rouvroy et de Stud, passe la Meuse entre Andenne et Seille,
et a été exploitée, sur cette dernière commune. Le dressant
situé au midi de la plateur et qui a à peu près la même puissance s'incline un peu au nord, passe au nord du château de
Bonneville, sous les bois de Rouvroy et de Stud, sous les campagnes d'Andenne, laisse cette ville un peu au midi, reparaît
dans la montagne du Calvaire, à l'est, mais n'est plus assez
bien connu, à partir de ce point, pour que je hazarde, ici,
quelques conjectures sur sa marche ultérieure. On peut, cependant, regarder comme certain que, s'il traverse la Meuse,
c'est à l'est de la limite des deux provinces de Namur et de
Liége; puisqu'on rencontre, au midi d'Andenelle, des bancs
de grès qui courent aussi, entre la plateur et le dressant, dans
les bois de Stud.

187. Outre cette couche bien réglée, on connait encore, dans la partie nord du bassin houiller de Liége, et au nord de la susdite couche, une suite de masses de terre-houille qui ont été exploitées, en plusieurs points, dans le vallon de Forez qui débouche dans la vallée de la Meuse, à moitié chemin de Samson à Sclayn, et sur la commune de Seille. Je n'ai pu pénétrer dans aucun de ces travaux, mais j'ai appris de mineurs qui paraissent avoir observé, avec assez de soin, les gîtes qu'ils ont exploité dans le susdit vallon de Forez, que ce sont tous amas déposés dans des espèces de grandes cuves ou chaudières quelquefois liées ensemble par des filets charbonneux. Cette suite de dépôts se dirige parallèlement au vallon, et par conséquent du nord au sud. Avant d'y arriver, on perçait des argiles plastiques fort ténaces.

188. C'est à la limite sud de ce premier bassin et à sa jonction avec le calcaire qu'on a trouvé, et même exploité et traité, à l'ouest de la ville d'Andenne, des couches d'ampélites alumineux. Je les ai également retrouvés, à l'est de cette ville, et toujours à la limite entre ce bassin et la presqu'île calcaire (107), près de la lisière méridionale du bois de *Thiarmont* sous lequel nous avons dit (109) qu'était situé un filon de plomb; mais comme je n'ai pas pu les y voir en place, je crois devoir rapporter les faits d'après lesquels je les suppose disposés comme je viens de l'indiquer. Les plus intelligens des ouvriers qui ont concouru au percement de l'arène prise au dessous du Gobert-Moulin et conduite du sud au nord, s'accordent à dire qu'après avoir traversé, jusqu'à l'entrée dudit bois, un dépôt de terres jaunes plombifères, quelquefois mêlées de terres noires très-pyriteuses, mais ne contenant que peu ou

point de plomb, ils sont entrés dans une veine de terre noire pyriteuse mais *non plombifère* laquelle, ainsi qu'on peut s'en assurer par les débris encore existans à la surface, était une couche, peut-être un peu altérée, de schistes à alun, d'un noir foncé, offrant entre ses feuillets, une multitude d'étoiles de chaux sulfatée. Immédiatement après ils ont trouvé le filon qui coupe les bancs calcaires pendans au nord de la grande presqu'île.

189. Au sud de la presqu'île calcaire, il se trouve aussi une plateur et un dressant formant par leur jonction, un bac qui vient affleurer au jour au hameau de Marche. La plateur s'incline au sud de 30° environ, traverse le village de Groynne, passe au sud de celui de Haute-Bise et va, dit-on, traverser la Meuse près de Beaufort, à l'ouest de Huy (province de Liége). Le dressant placé au midi de la plateur varie d'inclinaison dans les divers points où on l'a coupé, traverse le bois de Heer et poursuit, dit-on, sa marche vers Bousalle et Sart-à-Ban (province de Liége).

190. Au nord de la plateur de ce second système, on connait quelques couches fort minces qui, par ce motif, joint à celui de l'irrégularité de leur marche, ne font l'objet d'aucune exploitation durable. Il faut pourtant en excepter celle qui vient immédiatement au nord de ladite plateur et sur laquelle une extraction régulière est établie, à la limite est de la province, et, par conséquent, à l'est du hameau de Flisme.

191. Une autre couche de combustible suit la courbe par laquelle se termine, à l'est, la grande presqu'île calcaire. On a commencé à l'exploiter dans la montagne de Pelé-Mont située

entre Andenelle et Flisme, où elle se présentait sous la forme
d'un dressant pendant au nord. On l'a poursuivie dans tout son
contour à l'ouest de Flisme et on a remarqué qu'elle devenait
de plus en plus plate. Dans le bois des Herlettes situé au sud-
est de la presqu'île, où on a cessé de la travailler, elle plon-
geait au midi, n'avait plus que quelques pouces d'épaisseur et
était très-rapprochée de la plateur passant par Groynne. Cette
dernière considération fait présumer qu'elle se continue parallèlement à celle-ci, vers le couchant; quant à sa marche, au
delà de Pelé-Mont, ce n'est que d'une manière très-conjecturale
que l'on peut avancer qu'elle forme, à l'ouest de ce point, un
tournant très-court pour se diriger vers l'est.

# TROISIÈME PARTIE.

---

## OBSERVATIONS SUR LES PÉRIODES DE FORMATION.

192. Cette dernière partie du travail que je soumets au jugement de l'Académie mériterait, sans doute, d'être traitée par une main plus habile et avec plus de développement que le temps ne me permet de lui en donner. Cependant, comme je crois avoir signalé quelques faits nouveaux ou peu connus, je vais, après avoir réclamé toute l'indulgence de mes juges, exposer les conséquences qui me paraissent en découler, sur quelques points litigieux de géognosie.

Tous ceux qui ont écrit sur cette science se sont rangés à l'opinion de M. d'Omalius qui, le premier, je pense, a placé dans la formation intermédiaire les terrains calcaires et siliceux alternant ensemble qui constituent la majeure partie du sol de cette province; ainsi je crois parfaitement inutile de répéter tous les motifs sur lesquels est fondée cette opinion. J'observerai seulement, relativement aux premiers;

1º. Que les couches de granite de Ligny, malgré leur moindre inclinaison, leur apparence plus cristalline et la quantité ainsi que la nature des débris fossiles qu'elle renferme, n'en doivent pas moins être placés, selon moi, dans la même formation que les autres couches calcaires de la province, puisque j'ai signalé plusieurs de celles-ci qui présentent, soit dans

17.

la totalité, soit dans une partie seulement de leur épaisseur, tous les caractères des premières;

2°. Que, si les roches siliceo-calcaires ne sont pas toujours aussi distinctement stratifiées que les précédentes, comme elles le sont dans plusieurs points et présentent, dans quelques autres, avec une grande abondance, les mêmes coquilles qui distinguent les couches de granite de Ligny, on ne peut pas se dispenser de les rattacher à la même formation.

3°. Qu'il faut encore y rapporter les masses à peine stratifiées (157 — 166) qui paraissent isolées dans notre bande schisteuse (156), mais qui pourraient bien n'être que les sommités de quelques petits rubans calcaires en partie recouverts par le schiste, puisque les taches rouges qui ont été indiquées comme caractéristiques de ces masses se retrouvent également dans un grand nombre de bancs calcaires et que les *productus* et autres débris de corps organisés y abondent aussi;

4°. Qu'il me paraît d'autant plus difficile d'assigner l'âge relatif des masses de tuf que j'ai fait connaître (84, 134, 162) qu'on n'y a encore rencontré, jusqu'ici, aucun fossile accidentel qui puisse guider dans cette recherche. Les détails que j'ai donnés sur celle d'Annevoie font présumer qu'elle a été déposée dans un bassin formé, à l'embouchure du ruisseau, par un barrage qui n'existe plus; la question de savoir quand et comment l'abaissement de cette digue a eu lieu paraît se rattacher à celle du mode et de l'époque de formation du lit des rivières.

193. Les terrains siliceux que j'ai décrits présentent, dans leur constitution minéralogique des différences plus marquées

que les terrains calcaires; mais, sous le point de vue géognostique, il ne peut s'élever de difficultés que relativement à ceux
qui offrent les caractères ardoisiers. Je les ai considérés comme
de simples variétés passant même, dans quelques localités
(104, 119, 156) aux schistes argileux, et je dois, par conséquent, les regarder aussi comme contemporains du calcaire.
Cette opinion est également celle de M. de Humboldt qui, dans
son Essai géognostique sur le gissement des roches, p. 145 et
suivantes, range nos schistes fissiles parmi ses *thonschiefer* de
transition. Cependant je vois qu'il est si difficile de distinguer
le degré d'ancienneté des roches primitives et intermédiaires
désignées par ce nom que, pour traiter spécialement cette
question, s'il est encore permis de le faire, après qu'elle a été
résolue par un géologue aussi célèbre, il faudrait des connais-
sances plus étendues sur ce terrain morcelé par les divisions
politiques et dont la province de Namur n'offre que des lam-
beaux insuffisans pour les recherches géologiques.

194. Passons à ce qui concerne l'âge relatif de nos bassins
houillers.

Nous avons vu (72, 74, 82, 104, 122, 144, 146, 148) la
houille mêlée de schiste et d'argile apparaître, de loin en loin,
entre les bancs calcaires et entre ceux de schistes intermédiaires, sous la forme de couches assez minces, il est vrai, mais
trop homogènes, trop régulières et, quelquefois, continues sur
de trop grandes longueurs pour qu'on puisse les considérer
comme des amas couchés, quand bien même nous n'aurions
pas remarqué que ces grands joints postérieurement remplis
se trouvent constamment entre des couches de nature diffé-
rente. L'identité de nature de ce combustible avec celui qui

forme les têtes des couches de houille les mieux déterminées
me semble bien établie par la facilité avec laquelle il brûle. Si
l'on n'a pas encore rencontré, dans ces gîtes, les empreintes
végétales qui paraissent caractériser les véritables terrains à
houille, j'observerai : 1° que ce caractère négatif ne peut être,
ici, d'une grande valeur, vu le peu d'étendue des recherches
exécutées jusqu'à ce jour et le degré de consistance ou de dureté
des terrains dans lesquels elles ont été faites; 2° que presque
tous les anthracites des formations intermédiaires qui, même,
ne brûlent qu'avec la plus grande difficulté sont accompagnés
de schistes impressionnés : tels sont ceux que l'on trouve
si abondamment répandus dans les Alpes et qu'ont décrits
MM. Héricart de Thury ( J. des M., t. 14, p.     ), Brochant,
( J. des M., t. 23, p. 321 ) et Brard ( Minéralogie appliquée
aux arts, t. 1, p. 125 ).

D'un autre côté, nous avons vu (178) les variétés de calcaire
compacte coquiller et graniteux les plus répandues dans nos
provinces se présenter, sous forme de couches bien régulières,
dans un terrain dont la nature houillère ne peut être contes-
tée, et suivre une des couches de houille qui le composent, au
moins dans un de ses demi cercles. Nous savons aussi que ce
fait se représente en Angleterre.

En rapprochant toutes ces observations de celles bien plus
connues qui nous font considérer les bassins houillers comme
dés dépôts placés sur un terrain préexistant, il me paraît difficile de ne point admettre :

1°. Que les circonstances qui ont concouru à la formation
et au dépôt de la houille se sont présentées de loin en loin,

en même temps que celles à la réunion desquelles est dûe la formation de nos couches calcaires et siliceuses;

2°. Qu'elles n'ont, cependant, agi, avec force et continuité, que postérieurement au dépôt principal de ces dernières couches, et probablement après que celles-ci étaient déjà en partie consolidées, puisqu'il paraît bien constant que les filons qu'elles renferment ne pénètrent jamais dans le terrain à houille ;

3°. Qu'il s'est encore formé quelques couches calcaires absolument analogues à toutes les autres, pendant que le terrain à houille se déposait.

Ces résultats de l'observation ne présentant à l'esprit rien dont il ne puisse se rendre compte assez facilement me paraissent établir que la houille est aussi de formation intermédiaire, ainsi que l'ont pensé MM. Woigt, d'Omalius, d'Aubuisson et autres géologues. L'objection que l'on pourrait tirer, contre cette manière de voir, de l'absence des animaux fossiles, dans le terrain qui récèle la houille, ne me semble pas fondée : D'abord parce que ce caractère très-variable manque à plusieurs terrains de transition et notamment à nos schistes ardoisiers; ensuite, parce que, si la houille doit son origine à l'action d'un acide tel que le sulfurique sur les substances organisées, opinion qu'appuie fortement, selon moi, la présence du fer sulfuré et du fer carbonaté, dans les houillères, on conçoit parfaitement que les animaux et leurs enveloppes calcaires ont été décomposées, de manière qu'il n'en reste plus, aujourd'hui, aucun vestige.

Je crois avoir établi, d'une manière satisfaisante, mon opi-

nion sur l'identité d'origine de nos ampélites alumineux avec
nos schistes houillers dont il ne sont, selon moi, qu'une modification. Les caractères extérieurs de ces schistes aluniers,
la présence du fer sulfuré qui est si rare dans les psammites et
les schistes intermédiaires et si commun dans ceux qui accompagnent les couches de houille, celle de la chaux sulfatée qui
ne se montre jamais dans les premiers et apparaît quelquefois
dans les seconds (45), les relations géologiques que j'ai rappelées (51) et dont j'ai fourni un assez bel exemple (188), tels
sont les motifs qui ont fixé mon opinion sur ce point.

195. Il reste à examiner l'âge des dépôts des substances argileuses et métalliques décrites dans le cours de ce Mémoire et
qui sont, presque toujours, associées ensemble, dans les mêmes gîtes. Or on a vu (73) l'argile former des couches continues subordonnées à celles de chaux carbonatée, (93) l'argile
plastique renfermant des rognons de fer hydraté se présenter,
de la même manière, dans un terrain psammitique de même
formation, et (122, 182, 185) plusieurs couches de houille re-
poser sur un lit de cette même argile plastique. Ces diverses
relations, qui nous offrent une nouvelle preuve en faveur de
l'opinion émise ci-dessus sur l'âge de nos terrains houillers,
peuvent aussi nous porter à croire que nos minérais métalliques et l'argile plastique qui en est, pour ainsi dire, la com-
pagne inséparable, ne sont pas aussi modernes qu'on l'admet
généralement. Voyons donc si les autres circonstances géologiques de leur gisement peuvent confirmer, ébranler ou détruire
l'hypothèse à laquelle conduisent les premières.

Les petites couches de fer hydraté compacte ou hématiteux
que j'ai signalées (83) entre des bancs calcareo-siliceux fourni-

rait une nouvelle preuve à ajouter aux précédentes, s'il était démontré qu'elles se continuent sur d'assez grandes longueurs et s'étendent entre des bancs de calcaire compacte; car on ne pourrait plus, alors, comme dans le cas cité, attribuer leur formation à l'infiltration d'une eau chargée de fer hydraté à travers des couches pierreuses perméables à ce fluide, ou bien il faudrait admettre que cette infiltration a eu lieu à l'époque où les roches n'avaient point encore pris, par la dessiccation, le degré de consistance que nous leur connaissons aujourd'hui, et, par conséquent, en conclure que la substance métallique est contemporaine du calcaire. Quoi qu'il en soit, le fait dont il s'agit est assurément plus favorable que contraire à cette dernière opinion.

Quant aux dépôts de fer hydraté et d'argile plastique que j'ai décrits (113, 116, 118, 120, 124, 126, 129, 131, 133, 136, 138, 141), quoiqu'ils paraissent offrir, sur leur direction et sur leur inclinaison, des dimensions telles qu'il serait peut-être permis de les prendre pour des couches, et que l'on pût, même, alors, s'appuyer sur l'opinion de M. de Humboldt qui, dans son Essai géognostique sur le gisement des roches, donne ce nom aux gîtes intercalés entre les couches du calcaire secondaire le plus ancien que remplissent, en Amérique, ces mélanges de fer hydraté et d'argile si connus sous le nom de *pacos* et de *colorados*, tandisque, dans d'autres points du même terrain, ils forment, comme dans nos calcaires plus anciens, les têtes de quelques filons; cependant, vu l'irrégularité de leur puissance, et en ayant surtout égard à ce que ces gîtes ne se trouvent jamais qu'au passage du terrain calcaire au terrain siliceux ( circonstance très-remarquable et qui se rattache probablement à la formation des grottes), je considérerai ces gîtes comme des amas couchés remplis, comme les vrai filons, postérieurement à la mise en place des couches pierreuses.

Mais s'est-il écoulé, entre ces deux époques, un espace de temps assez long pour qu'on puisse les rapporter à deux formations différentes? Je ne le pense pas, car la galène, la blende et la pyrite, c'est-à dire les seules des substances déposées dans nos filons, qui paraissent avoir été formées par voie de cristallisation pénètrent souvent, à la profondeur de plusieurs palmes, dans les salbandes quelquefois composées de roches trop compactes pour que l'infiltration ait pu avoir lieu, après leur solidification complète, et ont contracté avec elles une adhérence bien difficile à expliquer, dans cette dernière hypothèse, entre des matières aussi hétérogènes. Rappelons encore que l'on trouve, dans les grands bassins métallifères du sud-ouest de la province (150), le fer oxidé anhydre et les animaux fossiles qui caractérisent plusieurs de nos bandes de terrains intermédiaires, et, sans attacher à cette dernière circonstance plus d'importance qu'elle n'en mérite, remarquons que ces deux caractères disparaissent ensemble dans les autres gîtes métallifères de la province. C'est ainsi qu'on voit les gypses anhydres qui, d'abord, s'étaient montrés seuls dans les terrains intermédiaires, s'associer le gypse hydreux, aux étages inférieurs des terrains secondaires, tandisqu'aux étages supérieurs de cette formation, on ne trouve plus ces derniers.

Il est bien difficile de concilier les résultats d'où je déduis l'ancienneté de nos argiles plastiques avec ceux qui ont fait placer dans les terrains les plus récens les deux dépôts les mieux connus de cette substance : Celui de Paris et celui de

Londres. Mais si, du caractère tiré de l'identité de nature,
on passe successivement à ceux que fournissent le mode de
gisement, la présence ou l'absence de corps organisés et celles
des espèces minérales accompagnantes, on aperçoit bientôt
les différences les plus tranchées. En effet, pour se borner
ici à l'argile plastique de Paris qui paraît être la plus analogue avec celle dont il s'agit ici, on sait qu'elle est disposée en
une seule couche presque horizontale, d'épaisseur très-inégale,
reposant sur la craie, renfermant des couches intercalées de
grés et de sable, des mélanges d'argile et de sable ou *fausses
glaises* qui représentent les *deignes* (108) de nos ouvriers, du
bois fossile bitumineux, du succin, des concrétions calcaires,
des nodules de chaux phosphatée, des cristaux de strontiane
sulfatée, de fer phosphaté, de zinc sulfuré, de fer sulfuré, des
ossemens et des coquilles marines et fluviatiles (de Humboldt,
Essai géognostique sur le gisement des roches, p. 303, et Bec-
querelle, Ann. de ch. et de ph. t. 22, p. 348). Dans nos provinces, les couches d'argile plastique superposées, en nombre
quelquefois assez grand, ont toujours une inclinaison plus ou
moins prononcée, dépassant quelquefois 45°, et atteignant
même la verticale; elles sont déposées, comme celles du terrain houiller, dans des bassins formés au milieu du terrain
intermédiaire; on n'y a jamais trouvé aucun débris d'animaux,
et, de toutes les espèces minérales rappelées ci-dessus, on n'y
a encore rencontré que la pyrite de fer qui se trouve aussi
dans nos terrains les plus anciens. Il est vrai qu'on y connaît
et les bois fossiles altérés, mais non bitumineux, dont il n'est
ordinairement plus possible de reconnaître l'espèce (j'en ai ce
pendant vu récemment un assez gros tronçon aplati et couvert
de pyrite qui paraît avoir appartenu à un chêne), et, dans un

gîte étranger à la province de Namur, mais que je crois analogue à ceux qu'elle renferme, du succin dont M. Drapiez a
donné la description, dans son Mémoire sur la constitution
géologique de la province de Hainaut. Cette dernière observation pourrait-elle contrebalancer celles que j'ai présentées, en
premier lieu, comme tendantes à rapprocher la distance que
l'on a mise entre les terrains intermédiaires et celui que forment les argiles plastiques et les espèces métalliques contemporaines, quand même il ne serait pas maintenant reconnu
qu'il existe une grande quantité de troncs et de branches d'arbres ayant subi différentes altérations, dans tous les terrains
secondaires et jusque dans ceux qui comprennent les couches
de houille?

Il y a donc lieu de tirer, ici, une conclusion analogue à
celle que j'ai déduite ci-dessus, relativement à la formation de
la houille, et d'admettre que nos dépôts de fer hydraté, de
plomb sulfuré, de zinc sulfuré et siliciaté et d'argile plastique
appartiennent aux terrains de transition les plus récens, conclusion à laquelle des observations que je ne connais pas ont
également conduit MM. de Raumer et Nœggerath, relativement
aux gîtes analogues à ceux des substances prérappelées que la
calamine forme, à la limite orientale du royaume, et qui est
adoptée par M. de Humboldt, p. 258 de son Essai géognostique sur le gisement des roches.

FIN.

## ADDITIONS ET CORRECTIONS

*Au Mémoire sur la constitution géologique de la province
de Namur.*

————

DEPUIS la rédaction du Mémoire qui précède, j'ai appris que
monsieur le professeur Delvaux avait reconnu le calcaire magnésien dans quelques roches du Condroz analogues à celles
que j'ai considérées comme formées par un mélange intime de
silice et de calcaire, parce que j'avais obtenu un résidu siliceux assez abondant en dissolvant, dans l'acide nitrique,
quelques échantillons provenant de ces roches. Je viens de sou-
mettre à un nouvel examen des fragmens de celles de St.-Mar-
tin-Balâtre, Marche-les-Dames, Gelbressée et Hastier. J'ai pris
des poids égaux de ces divers échantillons, d'un calcaire compacte ordinaire, de chaux carbonatée laminaire blanche et
d'une autre également laminaire, mais brunâtre provenant :
la première d'un calcaire compacte et la seconde du calcaire
cristallin de Gelbressée; je les ai plongés tous, en même temps,
dans des parties égales d'acide nitrique et j'ai d'abord remarqué que les quatre premiers ont mis, pour se dissoudre, de
quatre à huit fois plus de temps que les trois derniers. Les
liqueurs obtenues étaient sensiblement neutres; je les ai filtrées;
je me suis assuré que les dépôts laissés par quelques-unes
d'entre elles étaient essentiellement composés de silice quelquefois mêlée de matière charbonneuse; je les ai divisées chacune
en deux parties ; dans l'une j'ai versé de l'hydro-ferro-cyanate
de potasse qui, tantôt a décélé de faibles proportions de fer,
et, tantôt, n'a fourni aucune indication. Les secondes portions
de liqueurs filtrées ont été traitées par l'ammoniaque liquide
qui a produit, à l'instant même, dans les quatre premières, un
précipité blanc, abondant, assez léger pour se tenir long-temps
en suspension. Les liqueurs filtrées de nouveau ont précipité

par l'oxalate acide de potasse en poudre blanchâtre qui ne tardait point à se déposer.

Ces essais que je regrette de ne pouvoir remplacer par des analyses exactes montrent que les roches désignées dans le cours du mémoire, par le nom de silicéo-calcaires doivent l'être par celui de calcaire magnésien; et si l'on doit, comme je pense l'avoir établi, les placer dans la même formation que les calcaires graniteux et compactes, nous devrons admettre, dans la formation intermédiaire, un calcaire magnésien essentiellement différent, par les caractères extérieurs, de la dolomie qu'on ne connaît qu'à la limite inférieure de ces terrains et du *magnésian limestone* des Anglais qu'on rapporte aux terrains secondaires.

J'ai remarqué récemment, dans la première des bandes calcaires décrites dans le mémoire, la chaux carbonatée compacte en boules pleines qui m'ont rappelé les gros sphéroïdes aplatis de la même substance trouvés dans le schiste des environs de Florenne où l'on a exploité de la terre-houille. Dans une des carrières situées sur le versant occidental du ruisseau de Samson, un petit banc d'un noir très-foncé est presque entièrement composé de ces boules dont la grosseur varie depuis celle d'une noix jusqu'à celle du poing. Tantôt elles sont isolées et enveloppées par le calcaire en couche qui n'y adhère, avec une certaine force, que dans quelques points; tantôt elles sont juxtà-posées et souvent, alors, aplaties au point de contact ou articulées l'une dans l'autre, mais quelquefois aussi, soudées ensemble de manière à former, par leur réunion, des espèces de tubercules. On n'y remarque aucun indice de couches concentriques.

Cette disposition en boules est déjà connue dans d'autres minéraux d'une origine plus ancienne, où elle a été produite par la cristallisation. On la retrouve, ensuite, dans les calcaires oolitiques qui sont plus modernes et où elle se montre sur une bien plus petite échelle, dans les fers hydratés en grains des terrains les plus récens; dans ceux qui, sous la forme de boules pleines ou creuses, de géodes, de masses cellulaires, etc., constituent les grands dépôts que j'ai signalés; dans les fers carbonatés des houillères et des calcaires à entroques.

On sait que, dans plusieurs localités, les rognons de fer carbonaté des houillères, lorsqu'ils sont mis en contact avec l'air, sans quitter la place qu'ils occupaient dans le sein de la terre, passent à l'état de fer hydraté. Une seule des nombreuses localités où je connais ce minéral, dans la province de Namur, présente ce phénomène d'une manière bien distincte, mais aussi très-remarquable; c'est cette partie du château de Namur qui comprend le *fond de Laton* et la *Place des Mineurs*. Dans le premier de ces endroits, le terrain coupé à pic, sur une hauteur de trois à quatre aunes et une largeur de vingt-cinq aunes, montre les tranches de huit ou dix petites couches de quelques pouces d'épaisseur composées de géodes et de masses cloisonnées de fer hydraté quelquefois assez pur et alors très-consistant et très-dur. On retrouve leur affleurement au jour, sur une longueur de plus de trois cents aunes, en s'avançant vers l'ouest, et sur toute l'étendue de la Place des Mineurs. J'ai fait creuser en un point de ce dernier endroit, afin de reconnaître un gîte qui paraissait plus volumineux que les autres. J'ai vu qu'il avait la forme d'une petite chaudière isolée de 1ª, 50 environ de profondeur, remplie de plaques et de géodes de fer hydraté au milieu desquelles s'est trouvé un assez gros cristal prismatique de quarz recouvert d'une couche mince très-adhérente de cette substance métallique.

J'ai cherché à me rendre compte de la manière dont se fait la transformation, en examinant un grand nombre de rognons et de couches de fer carbonaté dans lesquels elle avait atteint divers périodes, et voici ce que j'ai cru remarquer. La masse se fendille, d'abord, dans toutes sortes de sens qui ne m'ont paru avoir aucune relation ni entre eux ni avec la stratification générale. Ces nombreuses fissures laissant, alors, un libre accès à l'air et à l'humidité, il se forme, entre les parties métalliques et argileuses, une séparation qui, commençant sur les faces des fentes, se propage probablement, ensuite, plus ou moins, dans l'intérieur. Les premières, à mesure qu'elles changent de nature, se réunissent, se condensent fortement et forment l'enveloppe des géodes, les cloisons des masses celluleuses, tandis que les dernières colorées seulement par un peu d'hydrate de fer ou par un principe charbonneux restent au centre des cavités qu'elles ne remplissent jamais entièrement, sous la forme d'une multitude de petits grains détachés dont quelques-uns montrent encore une tendance assez prononcée à la forme globuleuse.

Monsieur de Gallois a déjà observé la résistance à la décomposition du fer carbonaté détaché de ses gîtes. Il en est de même, jusqu'ici, des masses de ce minéral mises à découvert à Spy et à la montagne de Ste.-Barbe, près de Namur, depuis autant et même plus de temps que celles dont je viens de parler.

Il est encore important de remarquer que les croûtes solides de fer hydraté du château ne présentent jamais cette structure fibreuse si prononcée dans les minérais extraits de nos filons et de nos amas parmi lesquels on trouve quelquefois des morceaux d'hématite du poids de plusieurs livres.

Enfin je crois pouvoir annoncer, en ce moment, l'existence de quelques couches ou veines de fer hydraté dans les schistes intermédiaires de la province; mais je me borne à signaler ce fait, comptant bien revenir, un jour, sur les intéressantes questions que présente l'étude de nos minérais métalliques.

Coupe d'un bassin d'argile plastique près de Bonneville.

sable

argile

terre noir
argile
terre noir

terre noir

glaise

www.ingramcontent.com/pod-product-compliance
Lightning Source LLC
Chambersburg PA
CBHW071850200326
41519CB00016B/4319